100 FAKTEN

E-MOBILITÄT

Vorwort

Die Elektromobilität ist fast so alt wie das Automobil selbst. Und dennoch hat sie immer ein Mauerblümchen-Dasein geführt. Dabei ist doch schon Oma Duck in den Comics einen Detroit Electric gefahren! Es kann also nicht so schwer sein. Aber noch immer gibt es viele Fragen und Unsicherheiten, wenn es um den geplanten Umstieg vom Verbrenner auf ein Elektrofahrzeug geht. Wie und wo kann ich laden? Benötige ich eine Ladekarte? Welche Ladesäule soll ich anfahren? Wie sieht es mit der Reichweite aus? Was ist mit Batterieverschleiß? Trotz Beratung und Erklärung bei der Übergabe im Autohaus bleibt vieles unbeantwortet. Vor allem bei den Themen Laden und Restreichweite muss im Vergleich zum Fahren mit einem Benziner oder Diesel umgedacht werden. Das gilt auch für die Reise in den Urlaub. Problematisch aber ist das alles keineswegs. Lediglich anders und zunächst ein wenig ungewohnt. Das gilt auch für die vielen neuen Begriffe und Abkürzungen, die auf E-Auto-Besitzer einprasseln. Aber E-Auto-Fahrer sind eine Gemeinschaft: An den Ladesäulen geben die Elektro-Profis während der Wartezeit gerne ihr Wissen an die Neulinge weiter. In diesen Gesprächen lässt sich viel über das Laden und das Fahren mit Stromern lernen. Und bevor man so weit ist, sollen diese 100 Fakten zum Thema E-Mobilität helfen, die Zusammenhänge zu verstehen und für sich selbst herauszufinden, ob das nächste Auto elektrisch angetrieben sein wird. Ich weiß aus eigener Erfahrung um die Hürden, die oft genug nur im eigenen Kopf existieren. Die vergangenen Jahre in mehr als 50 unterschiedlichen E-Autos, mit denen ich gut 60.000 Kilometer zurückgelegt habe, zeigen mir, dass E-Autos jede Menge Spaß machen. Denn die Leistungsentfaltung und der Komfort sind unerreicht. Und so sind fast alle, die auf E-Autos umgestiegen sind, absolut von dieser Art des Antriebs überzeugt. Wichtigste Voraussetzung dabei ist allerdings, sich mit einer gewissen Gelassenheit auf ein neues Fahrverhalten einzulassen, denn es funktioniert.

Viel Spaß beim Lesen

Wolfgang Schäffer

Folgt dem HEEL Verlag gerne auch unter

INHALT

Impressum

Verlag:
HEEL Verlag GmbH
Pottscheid 1
53639 Königswinter
Tel.: 02223 9230-0
Fax: 02223 9230-13
info@heel-verlag.de
www.heel-verlag.de

Herausgeber:
Franz-Christoph Heel

Projektmanagement:
Thorsten Elbrigmann

Autor:
Wolfgang Schäffer

Bildbearbeitung:
HEEL Verlag GmbH, Fred Klöpfel

Gestaltung:
HEEL Verlag GmbH, Axel Mertens

Herstellung:
HEEL Verlag GmbH, Fred Klöpfel

Fotonachweis:

Coverfoto: Porsche AG

ACE (11), ADAC (Ralph Wagner 56, Jan Schreier 57), Adobe Stock (14/15, 16/17, 36/37, 38/39, 40/41, 48/49, 56/57, 64/65, 68/69, 72/73, 72, 80/81), Aral (8/9), Audi (6, 8 unten, 10/11, 19 oben, 24, 46), BMW (19 unten, 29 oben), Bundesministerium f. Wirtschaft & Klimaschutz (16), Bundesnetzagentur (37), BYD (22 oben), Citroën (22 unten), Cupra (23 unten), Dacia (25 oben), Easelink (32/33), Elektromobilität NRW (44), EnBW (27, 32 oben), Fastned (28/29), Fiat (29 unten), Ford (6/7, 30/31), Great Wall Motors (31), Hyundai (32 unten), Ionity (34/35), Jeep (34), Kia (18, 35), Lucid Motors (47 oben), Maingau (39, 47 unten), Maxus/SAIC (48), Mercedes-Benz (12/13, 50 (3), 82), MG/SAIC (51), MTRON (80), NIO (52/53), Nissan (53), Opel (54/55), Peugeot (58/59), Polestar (60/61), Porsche (15, 42/43, 62/63, 62, 65), Renault (66/67), Schäffer, Wolfgang (40, 41), Shell (69), Skoda (59, 70), Smart (70/71), Tesla (74/75), Toyota (20/21), TÜV Rheinland (17), Varta (13), Volkswagen (49, 63, 76/77), Volvo (23 oben, 25 unten, 26, 78), Wikipedia (8 oben), Xpeng (81)

Vertrieb:
DVM Der Medienvertrieb GmbH & Co. KG
Meßberg 1, 20086 Hamburg
Tel.: 040 30191800
www.dermedienvertrieb.de

Druck:
Georg-Westermann-Allee 66
38104 Braunschweig
westermann DRUCK | pva

Datenschutzerklärung:
ds.heel-verlag.de

Gerichtsstand:
Königswinter

ISSN: 2941-8372
ISBN 978-3-96664-899-8

FAKT 1

AC-LADEN

AC steht für „alternating current" – das Laden mit Wechselstrom. Die Akkus von Elektrofahrzeugen vertragen allerdings nur Gleichstrom (engl.: DC, „direct current"). Dabei fließt die Stromstärke konstant und immer in die gleiche Richtung. Der Strom aus der Steckdose ist jedoch Wechselstrom. Stärke und Fließrichtung ändern sich in einem bestimmten Rhythmus. Um Wechsel- in Gleichstrom umzuwandeln, haben E-Fahrzeuge einen On-Board-Lader. Das installierte Ladegerät ist ein Umrichter, der den Wechselstrom aufnimmt und über mehrere Konverter in Gleichstrom umwandelt. AC-Laden kommt in erster Linie über Wallboxen zum Einsatz. Standard sind inzwischen Wallboxen mit 11 kW.

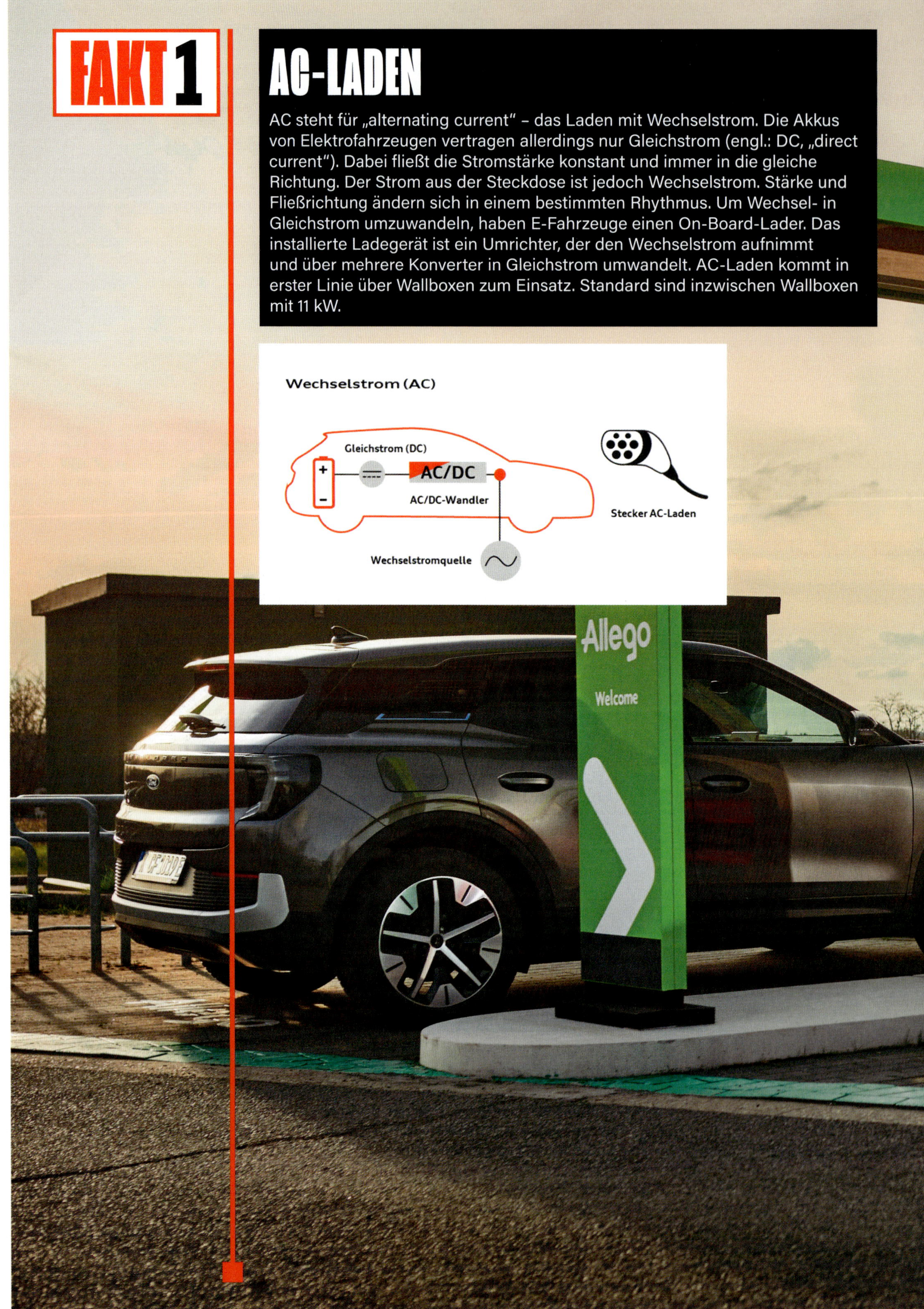

FAKT 2

AKKU

Der Begriff Akku ist die Kurzform für Akkumulator. Ein Akku ist ein wiederaufladbares Speicherelement für elektrische Energie, das auf chemischen Prozessen basiert. Inzwischen werden Akkus in E-Autos meist auch als Batterien bezeichnet, was streng genommen falsch ist, denn Batterien sind rein physikalisch nach der kompletten Energieabgabe unbrauchbar. Der Grund für die Verquickung der beiden Begriffe ist unter anderem, dass es international und vor allem im englischsprachigen Raum keinen Unterschied zwischen Akku und Batterie gibt. Und so ist die Kurzform für ein E-Fahrzeug BEV – „Battery Electric Vehicle". Zum Einsatz kommen in diesen Fahrzeugen derzeit überwiegend Lithium-Ionen-Akkus.

FAKT 3

ALLEGO

Die Ladestation-Kette Allego wurde 2013 in den Niederlanden vom Energienetzbetreiber Alliander gegründet. Als Teil der Madeleine Charging B.V. (Meridiam) treibt Allego seit 2018 den kontinuierlichen Ausbau des europäischen Netzwerks an Ladestationen voran. Inzwischen gibt es in Europa mehr als 35.000 Ladepunkte des Unternehmens. Allego bietet Ladelösungen für Elektroautos, Motorräder, Busse und Lkw für Endverbraucher, Unternehmen und Städte an. In den Niederlanden erhebt Allego seit März 2024 eine Anschlussgebühr von 0,25 Euro für AC-Ladegeräte in seinem offenen Ladenetz. Damit soll überzogenen Ladezeiten ein Riegel vorgeschoben werden. Die Anschlussgebühr wird ab der ersten Stunde und für jede weitere Stunde erhoben, in der das Auto an ein Allego AC-Ladegerät angeschlossen ist. Der Grund ist, dass die Ladestationen im Nachbarland oft weit über die erforderliche Ladezeit hinaus belegt sind. In manchen Fällen dauert diese Überschreitung mehrere Tage. Für Deutschland gibt es diese Regelung derzeit noch nicht.

FAKT 4

AMPERE

Die elektrische Basiseinheit für Stromstärke heißt Ampere. Mit Ampere wird die Menge an Elektronen beschrieben, die in einer bestimmten Zeitspanne durch eine Leitung fließt. Eine herkömmliche Sicherung im Wohnhaus widersteht normalerweise einer Stromstärke von 16 Ampere. Das reicht aus für eine Wallbox mit 11 kW. Für eine Wallbox mit 22 kW (muss beim Stromversorger beantragt und genehmigt werden), ist ein Stromanschluss mit 32 Ampere notwendig, da dabei mehr Strom benötigt wird, die Belastung für das Stromnetz also höher ist. Wallboxen arbeiten dreiphasig, dann also mit mit 3×16 beziehungsweise mit 3×32 Ampere. Weitaus höher ist die Stromstärke bei einem High Power Charger (HPC) an Schnellladestationen. Hier kommen bei einer Spannung von um die 1.000 Volt bis zu 500 Ampere Ladestrom an der Steckdose an. Namensgeber für die Einheit Ampere ist übrigens der französische Mathematiker und Physiker André-Marie Ampère (1775-1836).

FAKT 5

ANTRIEB

Der Antriebsstrang eines Elektroautos ist wesentlicher einfacher aufgebaut als der in einem Fahrzeug mit Verbrennungsmotor. In dem müssen Motor, Getriebe, Kupplung, Antriebswelle und Achsdifferenzial perfekt zusammenarbeiten, um das Fahrzeug anzutreiben. Bei einem Elektromotor kann auf vieles davon verzichtet werden, so beispielsweise auf das komplexe Getriebe. Meist reicht eine Übersetzung mit einem Gang. Porsche setzt im Taycan allerdings ein an der Hinterachse verbautes automatisiertes Zweigang-Getriebe ein. Die vom Sportwagenhersteller entwickelte Innovation verschafft dem Auto im ersten Gang eine noch stärkere Beschleunigung beim Start. Der lang übersetzte zweite Gang soll mehr Effizienz bringen. Generell steht vom Start weg bei einem Elektromotor das komplette Drehmoment zur Verfügung – und das dann über einen großen Drehzahlbereich. Somit sorgen Antritts- und Durchzugskraft für besonderen Fahrspaß. Außerdem bedeutet die Reduzierung der Teile, dass die Wartung kostengünstiger ist.

FAKT 6

ARAL PULSE

Aral pulse hat sich inzwischen zu einem der größten Anbieter von ultraschneller Ladeinfrastruktur in Deutschland entwickelt. Es gibt bereits etwa 2.700 Ladepunkte an ungefähr 400 Standorten mit weiter steigender Tendenz. In Kürze soll das Ultraschnell-Ladenetz auf mehr als 20.000 Ladepunkte erweitert werden. An einigen Standorten stehen bereits Ladesäulen mit einer Leistung von bis zu 400 Kilowatt (kW). Damit ist Aral pulse schon jetzt auf die Fahrzeuge vorbereitet, die in absehbarer Zukunft solche Leistung verarbeiten können. Alle Ladepunkte von Aral pulse werden nach Angaben des Unternehmens mit zertifiziertem Ökostrom betrieben. An den Säulen kann über die App oder die Ladekarte von Aral pulse ebenso geladen werden wie mit einigen anderen Ladekarten. Fast überall ist auch der Einsatz von Kredit- oder Debitkarten möglich.

FAKT 7

AUDI

Der Ingolstädter Autobauer fertigt seit 2018 mit dem e-tron das erste rein elektrisch angetriebene Modell der Marke in Großserie. Inzwischen wurde das Angebot deutlich ausgebaut. Es gibt SUV, Sportback-Varianten und Sportwagen. In diesem Jahr folgt mit dem A6 e-tron noch ein Kombi in der oberen Mittelklasse. Am Firmenhauptsitz werden zudem pro Tag etwa 1.000 neu entwickelte Hochvoltbatterien montiert: für die gemeinsam mit Porsche entwickelte Premium Platform Electric (PPE). Außerdem ist eine Fertigung von Batteriemodulen am Standort Böllinger Höfe in Neckarsulm geplant. An sogenannten Charging Hubs können Audi-Fahrer Ladezeiten reservieren, so dass keine Wartezeiten entstehen. An einigen dieser immer überdachten Hubs gibt es zudem Arbeits- und Aufenthaltsräume, so dass die Ladezeiten entsprechend genutzt werden können. Gleichwohl lassen sich auch Fremdfabrikate aufladen.

FAKT 8

AUTOMOBILCLUBS

Der Allgemeine Deutsche Automobil-Club hat Mitte des Jahres 2024 eine neue Kooperation mit Aral pulse geschlossen und die mit EnBw beendet. Unterm Strich ist das Laden für die Mitglieder damit allerdings etwas teurer geworden. Eine Grundgebühr wird jedoch nicht erhoben. Die genauen Tarife sind beim ADAC abrufbar. Der Auto Club Europa (ACE) bietet für Mitglieder des Clubs in Zusammenarbeit mit Shell Recharge Solutions die ACE-Ladekarte für Elektroautos an. Unabhängig vom jeweiligen Ladestation- und Stromanbieter lassen sich E-Fahrzeuge in mehr als 35 Ländern europaweit an mehr als 275.000 öffentlichen Ladestationen mit neuer Energie versorgen.

FAKT 9

AVAS

AVAS ist die Abkürzung für Acoustic Vehicle Alert System – ein akustisches Warnsystem für geräuscharme Fahrzeuge. Bis zu einer Geschwindigkeit von 20 Kilometern pro Stunde wird künstlich ein Geräusch erzeugt, das einem Verbrennungsmotor ähnelt. Auch beim Rückwärtsfahren muss das E-Auto sich so bemerkbar machen. Der Grund dafür ist, dass die extrem leise laufenden E-Fahrzeuge von Fußgängern oder Radfahrern leicht überhört werden könnten. Seit Juli 2021 muss jedes neu zugelassene E-Auto über AVAS verfügen. Eine Pflicht zum Nachrüsten älterer Modelle besteht nicht.

FAKT 10

BATTERIE ZUM STARTEN

Wie Pkw mit einem Verbrennungsmotor benötigen auch Elektrofahrzeuge eine 12-Volt-Starterbatterie. Mit der wird das Hochvoltsystem des Fahrzeugs vor Fahrtantritt aktiviert. Zudem versorgt die Starterbatterie Verbraucher wie Steuergeräte, Beleuchtung oder Infotainment mit Energie. Und wie beim Verbrenner: Eine leere oder defekte Starterbatterie macht auch den Start eines E-Fahrzeugs unmöglich. Die für den elektrischen Antrieb benötigte Energie indessen kommt aus einem Akku, der als Energiespeicher das nach wie vor teuerste Bauteil eines Elektrofahrzeugs ist. Die maximale Speicherkapazität dieser Batterien, auch Antriebs- oder Hochvoltbatterie genannt, nimmt über die Zeit ab. Das liegt sowohl am unabhängig vom Gebrauch einsetzenden Alterungsprozess als auch an der Anzahl der Ladungen.

12-VOLT-BATTERIE IN ELEKTROFAHRZEUGEN

In Elektrofahrzeugen werden alle diese elektrischen Verbraucher von einer 12-Volt-Batterie versorgt:

FAKT 11

BATTERIELADESTAND (SOC)

Der Ladezustand der Batterie in einem Elektroauto wird mit den drei Buchstaben SoC (State of Charge) bezeichnet. Wie bei einem herkömmlichen Tank ist an der Anzeige im Instrumententräger zu erkennen, wie viel Energie noch in der Batterie zur Verfügung steht. Der SoC wird je nach Autohersteller in Prozent, in Restreichweite oder mit beiden Angaben angezeigt. Um die Batterie zu schonen und damit die Lebensdauer zu verlängern, wird von den meisten Fachleuten geraten, den Ladezustand möglichst zwischen 20 und 80 Prozent zu halten. Das ist der sogenannte Wohlfühlbereich einer Batterie.

FAKT 12

BATTERIEGARANTIE

Die Anbieter von E-Fahrzeugen zeigen sich bei der Garantie für die Hochvoltbatterien eher großzügig. Totalausfall oder zu hoher Kapazitätsverlust in einem bestimmten Zeitraum sind damit für die Kunden abgesichert. Bei den Hochvolt- oder auch Traktionsbatterien garantieren die meisten Hersteller eine noch speicherbare Energiemenge von meistens 70 Prozent innerhalb von acht Jahren oder bis zu 160.000 gefahrenen Kilometern. Mit dieser umfangreichen Garantiezusage will die Industrie Vertrauen in die E-Mobilität schaffen. Sollte innerhalb dieser Zeit eine Batterie über weniger Leistung verfügen, bedeutet das nicht unbedingt, dass die komplette Batterie getauscht werden muss. Eine modulare Reparatur ist ebenfalls denkbar. Eine schwache oder defekte Zelle begrenzt die Kapazität des Systems, da die Zellen fast immer in Reihe geschaltet sind. Wird das Modul mit der entsprechenden Zelle getauscht, ist die Batterie wieder voll funktionsfähig.

BATTERIEMANAGEMENTSYSTEM (BMS)

Das Batteriemanagementsystem (BMS) sorgt für Sicherheit der Batterie, verlängert deren Lebensdauer und verbessert permanent die Leistungsfähigkeit. Der Status von Zellen in Betrieb und beim Laden wird kontrolliert. Aufgrund der kontinuierlichen Überwachung der Zellen wird die Ladeleistung gesteuert. Dabei greift das BMS vor allem beim Schnellladen auf unterschiedliche Daten wie beispielsweise allgemeiner Zustand der Hochvoltbatterie, Zellspannung oder Temperatur zu. So schützt das System die Batterie vor Überhitzung oder Überladung. Das BMS wird deshalb auch als das Gehirn von Hochvoltbatterien bezeichnet.

FAKT 13

FAKT 14

BATTERIEPASS

Der Batteriepass kann so etwas werden, wie ein Öko-Label. Grundlage für den digitalen Ausweis, den vom 18. Februar 2027 alle Antriebsbatterien sowie Akkus von Zweirädern mit einer Kapazität von mehr als zwei Kilowattstunden benötigen, ist die Batterieverordnung der Europäischen Kommission. Der Batteriepasses muss von den Unternehmen bereitgestellt werden, die den Akku in Umlauf bringen. Bei den Hochvoltbatterien sind das die Fahrzeughersteller, die den jeweiligen E-Wagen verkaufen. Der Pass soll unterm Strich zeigen, wie viel Gramm CO2 pro Kilowattstunde Kapazität der Batterie verursacht wurden. Das gilt nicht nur für die Herstellung, sondern auch die Daten während der Nutzung müssen gespeichert werden. Zudem sollen soziale, ökologische und ökonomische Informationen festgehalten werden. Dazu zählen unter anderem Aspekte wie Kinderarbeit und Menschenrechte, aber auch die eingesetzten Rohstoffe. Letzteres hilft wiederum später beim Recycling, da die genaue Zusammensetzung des Akkus dokumentiert ist.

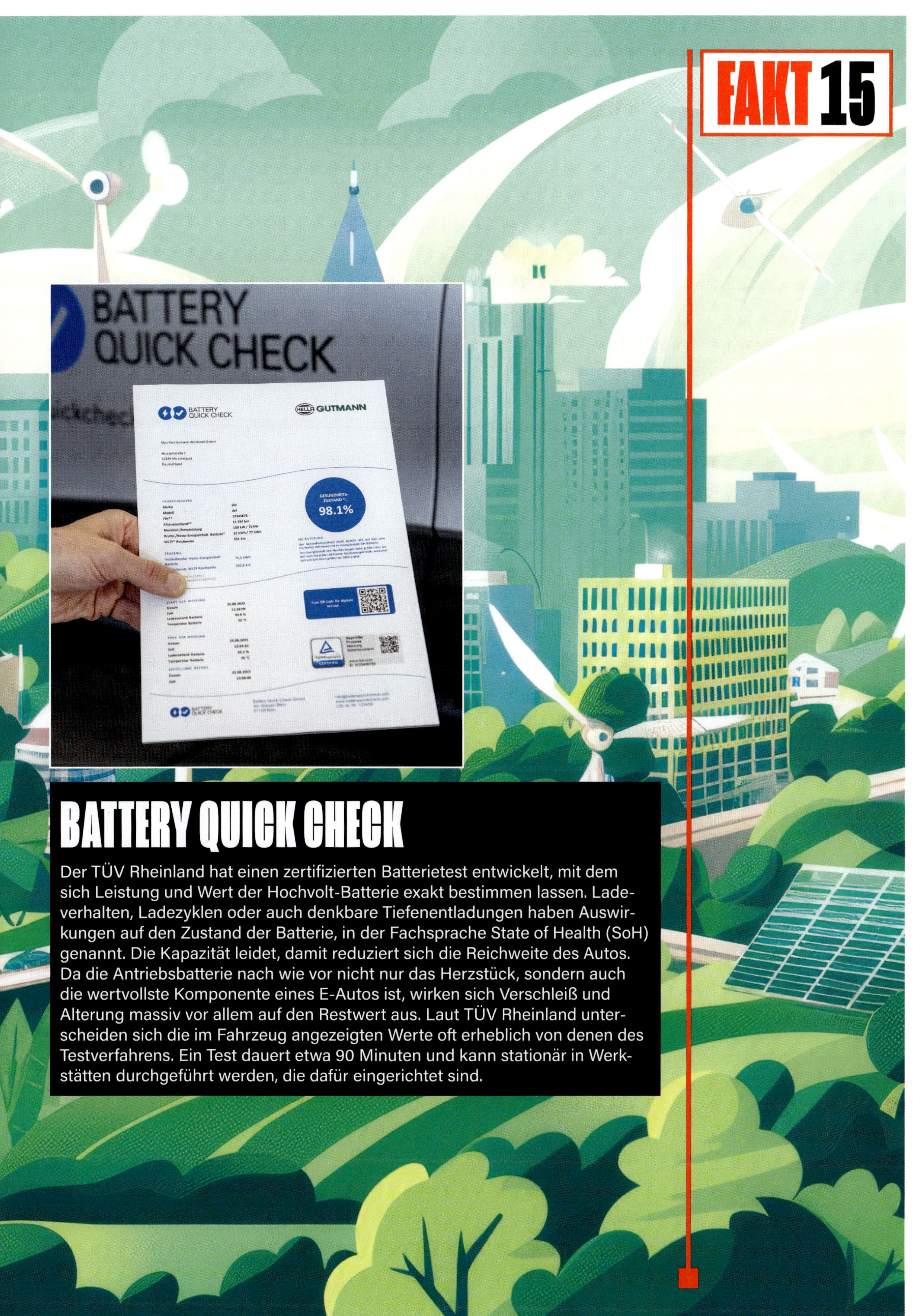

BATTERY QUICK CHECK

Der TÜV Rheinland hat einen zertifizierten Batterietest entwickelt, mit dem sich Leistung und Wert der Hochvolt-Batterie exakt bestimmen lassen. Ladeverhalten, Ladezyklen oder auch denkbare Tiefenentladungen haben Auswirkungen auf den Zustand der Batterie, in der Fachsprache State of Health (SoH) genannt. Die Kapazität leidet, damit reduziert sich die Reichweite des Autos. Da die Antriebsbatterie nach wie vor nicht nur das Herzstück, sondern auch die wertvollste Komponente eines E-Autos ist, wirken sich Verschleiß und Alterung massiv vor allem auf den Restwert aus. Laut TÜV Rheinland unterscheiden sich die im Fahrzeug angezeigten Werte oft erheblich von denen des Testverfahrens. Ein Test dauert etwa 90 Minuten und kann stationär in Werkstätten durchgeführt werden, die dafür eingerichtet sind.

FAKT 16

BIDIREKTIONALES LADEN

Bidirektionales Laden bedeutet, dass Elektrofahrzeuge nicht nur Energie aufnehmen, sondern auch wieder zurück ans Netz abgeben können. Diese Technologie wird auch vehicle-to-grid (v2g) genannt. Noch ist v2g nicht weit verbreitet. Doch in Zukunft könnte es als Teil eines intelligenten Netzes (Smart Grid) genutzt werden. Überkapazitäten etwa aus Solaranlagen könnte dann die Batterie des E-Fahrzeugs zwischenspeichern und bei Bedarf wieder ans Haus oder Stromnetz abgeben. Ein weiterer Aspekt ist nach Ansicht der Entwickler, dass mit dieser Technologie ausgerüstete Fahrzeuge im Bedarfsfall als Stromspender für aus Energiemangel liegengebliebene E-Autos dienen könnten. Die Technik des bidirektionalen Ladens wird bereits bei den Modellen einiger Hersteller wie beispielsweise Hyundai, Kia, Volkswagen oder auch Volvo eingesetzt. Mit Hilfe eines Adapters ist das Laden oder Betreiben von Fahrrad-Akkus, Laptops oder auch Elektrogrills möglich.

FAKT 17

B-MODUS

Bei E-Fahrzeugen, die mit einem B-Modus ausgerüstet sind, lässt sich die Rekuperation bei Bedarf manuell verstärken. Wird der rechte Fuß vom Beschleunigungspedal genommen, setzt in dieser besonderen Fahrstufe eine höhere Motorbremswirkung ein. Dabei kann die Verzögerung so stark sein, dass sogar die Bremslichter aktiviert werden, um nachfolgende Verkehrsteilnehmer zu warnen. Die beim Verzögern gewonnene Energie wird über einen Generator in die Hochvoltbatterie eingespeist. Damit vergrößert sich die Reichweite zumindest um den einen oder anderen Kilometer. In der Stadt kann so gefahren werden, ohne dass die eigentliche Bremse häufig zum Einsatz kommt. Unter Effizienz-Gesichtspunkten ist das in der City meist die beste Wahl, nicht unbedingt aber auf Landstraßen oder Autobahnen. Mehr dazu unter dem Fakt Rekuperation.

FAKT 18

BMW

Die Bayerischen Motoren Werke AG (BMW) haben ihr Angebot an E-Fahrzeugen breit aufgestellt. Ob Coupé, Limousine, Kombi oder SUV – so gut wie in allen Klassen, als vom X1 bis zur 7er Luxuslimousine stehen Modelle mit reinem Elektroantrieb zur Wahl. Sie alle sind an dem Zusatz i in der Modellbezeichnung zu erkennen.

FAKT 19

BORDNETZ

Letztlich entscheidet das Bordnetz im E-Auto, wie schnell geladen werden kann. Die derzeit noch überwiegend eingesetzten 400-Volt-Bordnetze erlauben rein rechnerisch eine Ladeleistung von maximal 200 Kilowatt. Ist – wie beispielsweise bei einigen Audi-, BYD, Hyundai-, Kia- und den elektrischen Porsche-Modellen – ein 800-Volt-Netz verbaut, erhöht sich die Ladeleistung in der Theorie also um das Doppelte. Allerdings muss der Wagen dann auch an einer Ladesäule mit entsprechender Leistung angeschlossen sein. Ideal für hohes Ladetempo ist die Kombination eines 800-Volt-Bordnetzes mit einer 300-kW-Ladestation. Der viertürige Porsche Taycan kann, so der Sportwagenhersteller, nach der Modellpflege jetzt 320 Kilowatt aufnehmen. Bis zu fünf Minuten soll ununterbrochen mit 300 kW geladen werden können.

BRENNSTOFFZELLE

Autos mit einer Brennstoffzelle (engl.: Fuel Cell Electric Vehicle/FCEV) sind vom Prinzip her auch Elektrofahrzeuge. In der Brennstoffzelle wird durch die Umkehrung der Elektrolyse aus Wasserstoff elektrischer Strom gewonnen. Der treibt den Elektromotor an. Der Unterschied zum eigentlichen E-Auto liegt eben darin, dass eine Brennstoffzelle samt Wasserstofftank verbaut ist und der Strom für den Antrieb während der Fahrt erzeugt wird. So ist auch kein großer Akku notwendig, sondern lediglich eine kleine Batterie. Sie dient als Zwischenspeicher und schießt Energie bei Lastspitzen zu. Außerdem wird Rekuperationsenergie in diese Batterie geleitet und gespeichert. Der Wasserstoff wird gasförmig in Druckspeichern unter hohem Druck von 350 bis zu 700 bar im Auto gespeichert. Als Emission wird Wasser ausgestoßen. FCEVs können – falls erneuerbare Energien als Quelle für die Wasserstoff-Erzeugung genutzt werden – CO2-neutral fahren. Wird Wasserstoff jedoch mit Erdgas hergestellt, ist die Bilanz schlecht. Aktuell gibt es in Deutschland um die 100 Wasserstoff-Tankstellen. Verfügbare Autos sind der Hyundai Nexo, der Toyota Mirai und der Opel Vivaro-e Hydrogen. Die Schwestermarken im Stellantis-Konzern verkaufen das Modell als Citroën Jumpy und Peugeot Expert.

FAKT 21

BYD

BYD (gesprochen BiWeiDi) ist die Abkürzung eines chinesischer Mischkonzerns: Bǐyàdí Gǔfèn Yǒuxiàn Gōngsī. Die Tochtergesellschaft BYD Auto Company ist inzwischen einer der weltweit größten Pkw-Hersteller Chinas und in Bezug auf die Verkaufszahlen die größte Automarke Chinas. Der Automobilhersteller hat seinen Hauptsitz in Shenzhen in der Provinz Guangdong in der Volksrepublik China genau wie die Konzernmutter BYD Company Limited, derzeit weltgrößter Hersteller für Akkus – vornehmlich für Mobiltelefone. Mittlerweile bietet BYD sechs Elektroautos auf dem europäischen Markt an.

FAKT 22

CITROËN

Die französische Marke Citroën ist seit einigen Jahren unter dem Dach des in den Niederlanden beheimateten Stellantis-Konzerns. Citroën bietet Fahrzeuge sowohl für Privatkunden als auch Pool-Lösungen für Gewerbetreibende an. Mit dem e-C3 hält Citroën als einer der wenigen Hersteller ein Auto bereit, dass zu einem Basispreis von weniger als 25.000 Euro zu haben ist.

FAKT 23

COMBINED CHARGING SYSTEM (CCS)

CCS – eine von diesen vielen Abkürzungen, die es in Verbindung mit der E-Mobilität zu erklären gilt: Die drei Buchstaben stehen für den internationalen Standard Combined Charging System, was übersetzt „Kombiniertes Ladesystem" heißt. Gemeint ist damit eine Steckerverbindung, die sowohl das Laden mit Wechselstrom (AC) als auch mit Gleichstrom (DC) ermöglicht. Das System kombiniert den Typ-2-Stecker für AC-Laden mit zusätzlichen DC-Kontakten für das schnelle Laden. Somit werden hohe Ladeleistungen unterstützt und es kann sowohl zu Hause als auch an öffentlichen Ladepunkten neue Energie in die Batterie übertragen werden. Das CCS-System ist in Europa und anderen Teilen der Welt weit verbreitet.

FAKT 24

CUPRA

Die Seat-Tochter Cupra hat sich zum Ziel gesetzt, als rein elektrische Marke erfolgreich zu sein. Mit dem Born und dem Tavascan hat das spanische Unternehmen bereits zwei Stromer im Angebot. 2026 folgt der Raval als neues Einstiegsmodell und Ende des Jahrzehnts ein SUV. Für den Raval gibt es eine markenübergreifende Zusammenarbeit mit Volkswagen und Skoda in einem Projekthaus, das in der Cupra-Heimat Martorell bei Barcelona eingerichtet wurde. Insgesamt werden hier vier Modelle entstehen. Außer dem Raval noch ein Skoda sowie für VW der ID.2all und ein kleines SUV.

FAKT 25

CW-WERT

Der Luftwiderstandsbeiwert oder auch cW-Wert spielt bei Elektroautos eine weitaus wichtigere Rolle als bei Verbrennern. Es geht um die Aerodynamik und damit um die Reichweite. Designer und Techniker tüfteln daher sehr detailverliebt an der Karosserie und an Teilen, um den geringstmöglichen Strömungswiderstand zu erzielen. Spezielle Spoiler an der Front und am Heck, Türgriffe, Außenspiegel, auch in digitaler Ausführung und Felgen werden ebenso getestet wie Kühlersysteme, die sich in bestimmten Situationen öffnen oder schließen. Zudem wird der Unterboden besonders windschnittig gestaltet. Einige Autos senken sich während der Fahrt sogar ein wenig ab, um den Luftstrom zu optimieren. Im Windkanal werden unterschiedliche Situationen und Geschwindigkeiten simuliert. Bekannt ist, dass Autos bei höheren Geschwindigkeiten mehr Energie verbrauchen. Das gilt für Verbrenner wie für E-Fahrzeuge. Umso aerodynamischer der Wagen unterwegs ist, umso niedriger der cW-Wert und umso geringer der Verbrauch. Das wiederum verbessert letztendlich die Reichweite. Effizienz heißt das Losungswort. Auf der anderen Seite führt das in einigen Fällen zu Karosserieformen, die nicht jeden Kunden ansprechen.

FAKT 26

DACIA

Dacia ist nach wie vor der Hersteller, der das günstigste E-Auto im Angebot hat. Die rumänische Automarke, Tochter von Renault, bietet den Spring zu einem Basispreis von 16.900 Euro an. Der in Sachen Reichweite komplett auf die Stadt ausgerichtete Wagen wird in China bei Dongfeng in Wuhan gebaut. Als Basis dient die so genannte CMF-A-Plattform aus der vor einigen Jahren geschlossenen Allianz von Renault und Nissan.

FAKT 27

DC-LADEN

Anders als beim AC-Laden wird beim DC-Laden das Elektroauto direkt mit Gleichstrom (engl.: DC, direct current) versorgt. Grundsätzlich muss der Strom für die Hochvoltbatterie immer von Wechsel- in Gleichstrom umgewandelt werden. Diese Umwandlung erfolgt beim DC-Laden bereits in der jeweiligen Ladestation. Dieser Vorgang ist deutlich schneller als das Laden an Ladestationen mit Wechselstrom (AC). Hier wird die Transformation über den Umrichter (On-Board-Lader) im Fahrzeug vorgenommen. DC-Ladestationen, die auch als Schnellladestationen bezeichnet werden, sind aus Kostengründen überwiegend im öffentlichen Raum zu finden und liefern bis zu 175 kW.

FAKT 28

ELEKTROMOTOR

Wer sich an den Physikunterricht erinnert, weiß es vermutlich noch: Ein Elektromotor ist eine Maschine, die elektrische Energie in Bewegungsenergie umwandelt. Diese Energie kommt beim E-Auto aus einer Hochvolt-Antriebsbatterie. In der wird Gleichstrom gespeichert. Der aber wird im Auto mit einem Gleichspannungswandler, auch Umrichter genannt, in Wechselstrom umgewandelt, da der Wechselstrommotor einem Gleichstrommotor technisch deutlich überlegen ist. Aktuell werden in E-Fahrzeugen überwiegend Synchronmotoren verbaut. Hier wird zwischen permanenterregten und fremderregten Maschinen unterschieden. Während die permanenterregten Motoren in der Herstellung aufgrund des Einsatzes seltener Erden teuer, zudem ökologisch nicht unproblematisch einzuordnen sind, sieht es bei den fremderregten oder auch stromerregten anders aus. Sie sind zwar im Aufbau aufwendiger, erzeugen aber mit einem Stromfluss das Magnetfeld im Rotor. Die Bewegung der äußeren Magnetfelder setzt den Rotor in Drehung. Diese Drehung gibt der Elektromotor schließlich an die Räder weiter.

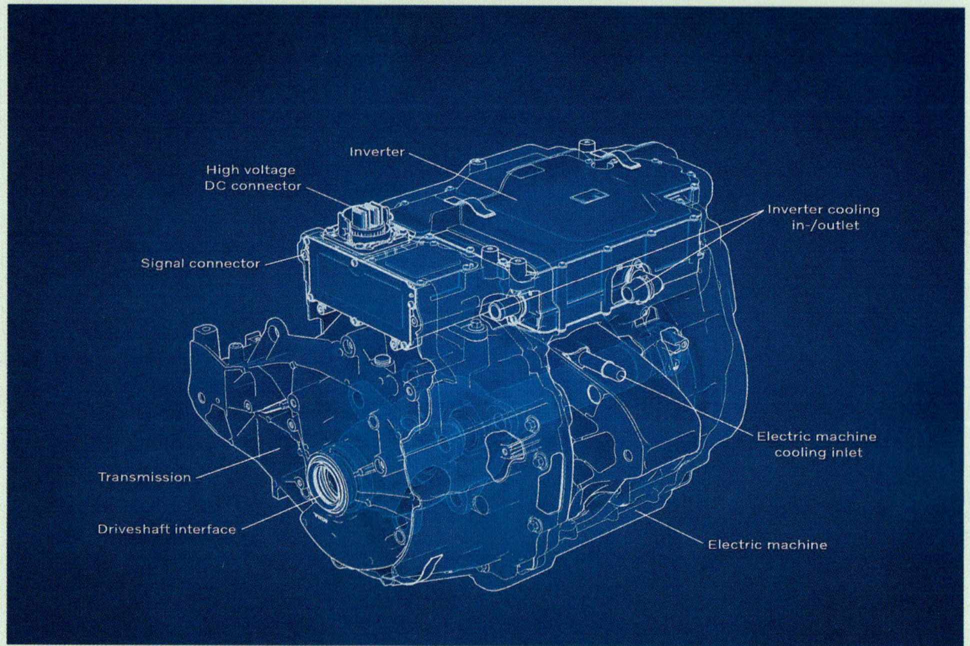

FAKT 29

ELLI

Elli ist ein Anbieter von Energie- und Ladelösungen, der zum Volkswagen-Konzern gehört. Das 2018 gegründete Unternehmen hat mittlerweile Standorte in Berlin, Wolfsburg und München. Elli bietet Zugang zu mehr als 700.000 öffentlichen Ladepunkten europaweit. Mit nur einer App, einer Ladekarte und drei flexiblen Ladetarifen. Sowohl Fahrern als auch Flottenmanagern von elektrischen Fahrzeugen will Elli ein nahtloses und ganzheitliches Lade- und Energieerlebnis bieten.

FAKT 30

ENBW

Die Abkürzung EnBW steht für Energie Baden-Württemberg. Das Unternehmen aus dem Süden Deutschlands ist weit über die Grenzen der Bundesrepublik aktiv, bietet inzwischen in 17 Ländern mehr als 600.000 Ladepunkte an. Das EnBW-Hypernetz erstreckt sich über Belgien, Dänemark, Frankreich, Italien, Kroatien, Liechtenstein, Luxemburg, Niederlande, Österreich, Polen, Schweden, Schweiz, Slowakei, Slowenien, Spanien und Tschechien. Gebucht werden können je nach Mobilitätsansprüchen unterschiedliche Tarife. Geladen werden kann aber auch ohne Vertrag. Bezahlt wird mit der App des Unternehmens.

FAKT 31

ENERGIEDICHTE

Die Energiedichte beschreibt den Energieinhalt einer Batterie oder Zelle bezogen auf ihr Volumen oder ihre Masse. Sie ist ein entscheidender Faktor für die Reichweite von elektrisch betriebenen Fahrzeugen, da sie angibt, wie viel Energie bei gleichem Gewicht (Wh/kg-Wattstunden/Kilogramm) oder Volumen (Wh/l-Wattstunden/Liter) gespeichert werden kann. Bei dem größten Teil der E-Autos werden derzeit Lithium-Ionen-Batterien eingesetzt, um die elektrische Energie zu speichern. Die verbauten Zellen basieren überwiegend auf Lithium-Eisenphosphat (LFP), Lithium-Manganoxid (LMO), Lithium-Nickel-Cobalt-Aluminiumoxid (NCA) oder Lithium-Nickel-Cobalt-Manganoxid (NCM). Die Zellchemie ist somit unterschiedlich. Dementsprechend können Energiedichten von Lithium-Ionen-Batterien zwischen 90 und 250Wh/kg erreicht werden. In den meisten Fällen der eingesetzten Batterien liegt die Energiedichte bei etwa 100 bis 150 Wattstunden pro Kilogramm. Zum Vergleich: Die Energiedichte von Diesel und Benzin liegt bei gut 11.000 bis etwa 12.000 Wh/kg, ist also etwa um den Faktor 100 höher. Auf der anderen Seite sind E-Motoren allerdings deutlich effizienter als Verbrennungsmaschinen.

FAKT 32

E.ON

Die E.ON Energie Deutschland GmbH ist eigenen Angaben zufolge der größte Energieversorger und Ökostromanbieter Deutschlands. Wie bei allen Anbietern gibt es unterschiedliche Angebote von Wallboxen für das Laden zu Hause. Zudem hat das Unternehmen auch ein eigenes Netz an Schnellladestationen aufgebaut. Für das Laden unterwegs können unterschiedliche Tarife gebucht werden. In Europa sind damit mehr als 500.000 Ladepunkte inklusive aller großen Anbieter nutzbar.

FAKT 33

FASTNED

Das niederländische Unternehmen Fastned ist an den gelben Stationen im naturnahen Design zu erkennen. Das Netz an Schnellladestationen ist seit dem Start 2012 ständig gewachsen. Fastned liefert nach eigenen Angaben ausschließlich erneuerbare Energie aus Sonne und Wind. 300 Stationen in acht Ländern (knapp 40 davon in Deutschland) mit Ladeleistungen von bis zu 400 kW stehen derzeit zur Verfügung. Im Rahmen des vom Bund geförderten Deutschlandnetzes will das Unternehmen bis 2027 unmittelbar entlang der Autobahnen in Norddeutschland 34 sowie 92 weitere Stationen im Westen und Südwesten Deutschlands errichten.

FESTSTOFFBATTERIE

Feststoffbatterien gelten als großer Hoffnungsträger für die E-Mobilität. Eine etwa doppelt so hohe Energiedichte wie bei den aktuellen Lithium-Ionen, demzufolge deutlich mehr Reichweite und auch kürzere Ladezeiten sind die Vorteile dieser Akku-Technologie. Sie gilt aufgrund des Fehlens flüssiger Elektrolyte als extrem hitzebeständig und sicher. Für den festen Elektrolyt ist keine Kühlung notwendig. Doch nicht nur das. Feste Elektrolyten erlauben den Einsatz alternativer Anodenmaterialien. Derzeit wir die Anode aus Graphit hergestellt. In der Feststoffbatterie könnte die Anode beispielsweise aus Lithium gefertigt werden. Das Material hat ein deutlich höheres elektrochemisches Potenzial. Derzeit sind solche Feststoffbatterien aber noch im Forschungsstadium. In der zweiten Hälfte des Jahrzehnts rechnet man mit ihrer Marktreife.

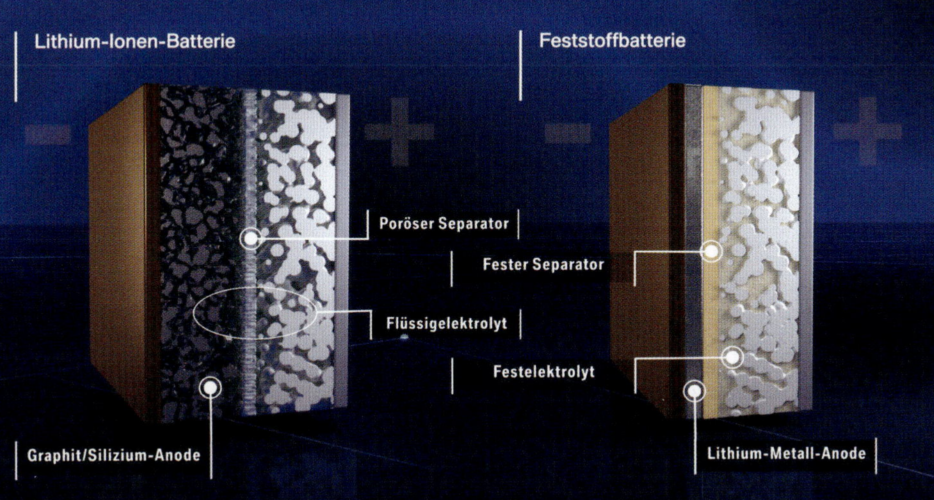

FIAT

Mit dem 500 und dem 600 hat Fiat gleich zwei typische Stadtautos mit E-Antrieb im Angebot. Dazu kommen im Bereich der Nutzfahrzeuge der Doblò, der Scudo und der Ducato, die ebenfalls als Stromer zu haben sind. Bis auf den 500 bietet Fiat die Modelle jedoch auch alternativ mit Verbrennern an.

FAKT 36

FORD

Mustang Mach E, Explorer und auch Capri bilden derzeit das Pkw-Dreigestirn der E-Modelle bei Ford. Zudem können einige Versionen des Transit und des Tourneo ebenfalls mit elektrischem Antrieb geordert werden.

FAKT 37

GREAT WALL MOTORS

Der chinesische Autohersteller Great Wall Motors (GWM) kommt mit Elektro- und Plug-in-Hybrid-Fahrzeugen auf den europäischen und damit auch den deutschen Markt. Mit den beiden Modellen GWM Ora 03 und GWM Ora 07 sind zwei reine Elektro-Autos im Angebot. GWM Wey 03 und GWM Wey 05 sind SUV mit Plug-in-Hybrid-Antrieben, die mit elektrischen Reichweiten von mehr als 130 beziehungsweise 150 Kilometer angegeben werden.

FAKT 38

HAUPTUNTERSUCHUNG

Im TÜV-Report 2024 wurden bei E-Fahrzeugen überdurchschnittlich häufig Mängel bei der Bremsfunktion festgestellt. Als Grund nennt der technische Überwachungsverein die Rekuperation, mit der E-Fahrzeuge Bremsenergie zurückgewinnen können. Die Bremsbeläge werden im Vergleich zu Verbrennern daher seltener beansprucht, was zu einer Beeinträchtigung der Bremsleistung führen kann. Doch auch Achsen und Achsaufhängungen zeigen sich als Schwachpunkte, da sie aufgrund des höheren Gewichts ebenfalls höhere Belastungen verkraften müssen.

FAKT 39

HIGH POWER CHARGING (HPC)

Die Bezeichnung ist Programm: High Power Charger (HPC) sind Ultraschnellladestationen. Die
Ladeleistungen liegen zwischen 150 und mittlerweile 400 kW. In welcher Größenordnung diese Leistung genutzt werden kann, wird von der Hochvolt-Batterie des E-Autos bestimmt. Zwar gibt es Einzelexemplare von Supersportwagen (Rimac Nevera) die in der Spitze (Peak) bis zu 500 kW aufnehmen können. Der Lotus Eletre soll bis zu 350 kW verkraften. Ansonsten liegen die Höchstwerte bei Serienfahrzeugen bei 270 (Audi e-tron und der neue Porsche Macan) beziehungsweise bis zu 320 kW im Porsche Taycan Turbo GT. HPC-Ladesäulen arbeiten auf Spannungsebenen von bis zu 1000 Volt und bieten bis zu 500 Ampere (A) Ladestrom an. Ampere steht für elektrische Stromstärke und gibt an, wie viele Elektronen während einer festgelegten Zeitspanne durch eine Stromleitung fließen können.

FAKT 40

HYUNDAI

Das koreanische Unternehmen ist in Sachen E-Mobilität bereits breit aufgestellt. Mit Kona, Ioniq 5, Ioniq 6 sowie der besonders sportlichen Version Ioniq 5 N stehen vier Modelle zur Wahl. Angekündigt ist zudem der Inster als neue Einstiegsvariante. Bis auf den Kona sind alle aktuellen Baureihen mit der 800-Volt-Technolgie ausgerüstet. Mit der sind schnellere Ladezeiten als mit den ansonsten weit verbreiteten 400-Volt-Systemen möglich. Hyundai hat außerdem den Nexo mit Brennstoffzellentechnologie im Angebot. Die Brennstoffzelle produziert aus Wasserstoff Strom für einen Elektromotor.

FAKT 41

INDUKTIVES LADEN

Bei Mobiltelefonen in Autos ist das induktive oder auch kontaktlose beziehungsweise kabellose Laden bereits üblich. Bei dieser Technologie wird Energie mittels hochfrequenter Wechselströme drahtlos übertragen. In der Theorie könnten E-Autos durch Ladeelemente in Garagen, auf Parkplätzen oder auf der Fahrbahn geladen werden. Für den praktischen Einsatz in Kraftfahrzeugen ist sie noch nicht standardisiert und serienreif.

FAKT 42

IONITY

Seit 2017 gibt es das Unternehmen Ionity. Das Joint Venture der Autohersteller BMW, Ford, Hyundai, Mercedes-Benz und Volkswagen mit Audi und Porsche sowie der Climate Infrastructure Plattform von BlackRock als Finanzinvestor hat seinen Hauptsitz in München. Niederlassungen gibt es in Dortmund und in der Nähe von Oslo. Den Angaben des Unternehmens zufolge baut und betreibt Ionity das größte markenoffene High Power Charging (HPC)-Netzwerk entlang europäischer Autobahnen. Ende Mai 2024 zählte das Netzwerk etwa 630 Ladeparks und 3.800 HPC-Ladepunkte in 24 europäischen Ländern. Das Stromangebot kommt ausschließlich aus erneuerbaren Energien, um emissionsfreies und CO2-neutrales Fahren zu garantieren, so das Unternehmen. Geladen werden kann mit speziell gebuchten Tarifen oder auch ohne.

FAKT 43

JEEP

Auch die allradgeprägte Marke Jeep ist auf den Elektro-Zug aufgesprungen. Der US-amerikanische Hersteller gehörte bis 2020 zu Fiat Chrysler Automobiles (FCA). Nachdem FCA unter das Dach von Stellantis geschlüpft ist, zählt auch Jeep zum Großkonzern – und folgt damit der E-Ausrichtung. So rollte mit dem Avenger das erste rein elektrisch angetriebene Modell der Marke Jeep auf die Straße. Der vollelektrische Wagoneer S 4xe steht bereits in den Startlöchern.

FAKT 44

KIA

E-Soul, Niro EV, EV6, EV6 GT, EV9 und ganz frisch der EV3 – das Elektro-Angebot des koreanischen Herstellers Kia kann sich mehr als sehen lassen. Wie bei der Konzernschwester Hyundai sind auch Kia-Modelle mit 800-Volt-Technologie ausgerüstet. Zum Einsatz kommt die Technik im EV6 samt GT und beim EV9.

FAKT 45

KILOWATT (KW) UND KILOWATTSTUNDE (KWH)

Bei Kilowatt geht es um Leistungsangaben. Sowohl die von Motoren als auch die von Ladestationen wird in Kilowatt angegeben. Eine Kilowattstunde (kWh) indessen ist eine Maßeinheit für elektrische Energie. Eine kWh gibt an, wie viel Energie in einer Stunde bei einer Leistung von einem kW verbraucht oder erzeugt wird. Wenn es um die Elektromobilität geht, sind Kilowattstunden die Angaben für den Energiegehalt der Antriebs- oder Hochvoltbatterie. Bei Elektrofahrzeugen ist die Kilowattstunde also die relevante Maßeinheit. Demzufolge wird der Verbrauch eines E-Fahrzeugs in kWh angegeben und gemessen.

FAKT 46

KOMFORTVERBRAUCHER

Klimaanlage, Sitzheizung- oder lüftung, Heizung für Heckscheibe, Lenkrad und Außenspiegel sind so genannte elektrische Komfortverbraucher. Sind sie eingeschaltet, ziehen sie Strom aus der Hochvoltabatterie und verringern damit die Reichweite. Vor allem die Klimaanlage ist ein ziemlicher Stromfresser. Konkrete Werte, welche Auswirkungen der Einsatz der Klimaanlage bei hochsommerlichen Temperaturen und damit auf den Verbrauch haben, gibt es nicht. Derzeit sind lediglich grobe Richtwerte im Umlauf. Demnach verbraucht die Klimaanlage etwa 0,5 bis eine Kilowattstunde (kWh) mehr auf 100 Kilometer, wenn es bei einer Außentemperatur von 25 Grad im Auto 20 Grad sein sollen. Das Energieunternehmen EnBW hat dazu eine Berechnung für den Skoda Enyaq iV 80 vorgenommen. Der Wagen verbraucht (nach WLTP-Standard) 15,8 kWh auf 100 Kilometer. Bei den genannten Temperaturen und einem geschätzten Zusatzverbrauch von 0,5 kWh auf 100 Kilometern ergibt sich demnach eine Einbuße von 3,1 Kilometern. Steigen die Temperaturen auf mehr als 30 Grad und verbraucht die Klimaanlage dann zwei kWh auf 100 Kilometer, um die 20 Grad im Passagierabteil zu erreichen, verliert der Enyaq 11,2 Kilometer auf 100 Kilometer. Der TÜV schätzt, dass bei heißen Temperaturen die Reichweite um zehn bis 15 Prozent sinkt. Eigene Messungen wurden allerdings noch nicht unternommen. Im Winter indessen muss die Temperatur im Innenraum erwärmt werden. Zudem sind dann die genannten zusätzlichen Verbraucher oft im Einsatz, um den Komfort im Auto zu verbessern, was die Reichweite zusätzlich zu den winterlichen Temperaturen reduziert. Tipp: Wird der Stromer über Nacht zu Hause an der Wallbox geladen, bietet eine Standheizung die Chance, das Passagierabteil zu temperieren.

LADEINFRASTRUKTUR

Eine Million öffentliche Ladepunkte sollen nach den Planungen der Bundesregierung bis 2030 in Deutschland bereitstehen. Das Ziel liegt allerdings noch in weiter Ferne. Derzeit dürften es freundlich gerechnet knapp 110.000 sein. Etwas mehr als 21.000 davon sind Schnellladepunkte. Vor allem im ländlichen Bereich geht der Ausbau nur sehr schleppend voran. Unterschieden wird grundsätzlich zwischen öffentlicher und privater Infrastruktur. Privat bedeutet, dass hier lediglich bestimmte Nutzergruppen Zugang zu den Ladeanschlüssen haben. Das gilt etwa für die heimische Wallbox oder die Lademöglichkeit am Arbeitsplatz. Öffentlich hingegen heißt frei und für jeden zugänglich. Davon gibt es in den Niederlanden doppelt so viele wie in Deutschland. Belgien und Frankreich sind in etwa mit dem Ausbau in Deutschland vergleichbar. Deutlich schlechter ist die Situation in der Schweiz, Österreich, Griechenland, Spanien, Portugal, in Italien, also umso weiter es in südliche Richtung geht. Auch in den osteuropäischen Ländern herrscht noch ein großer Mangel an Ladepunkten.

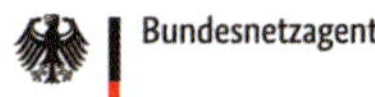

Verteilung der öffentlich zugänglichen Ladepunkte auf die Bundesländer

Stand: 03/2024

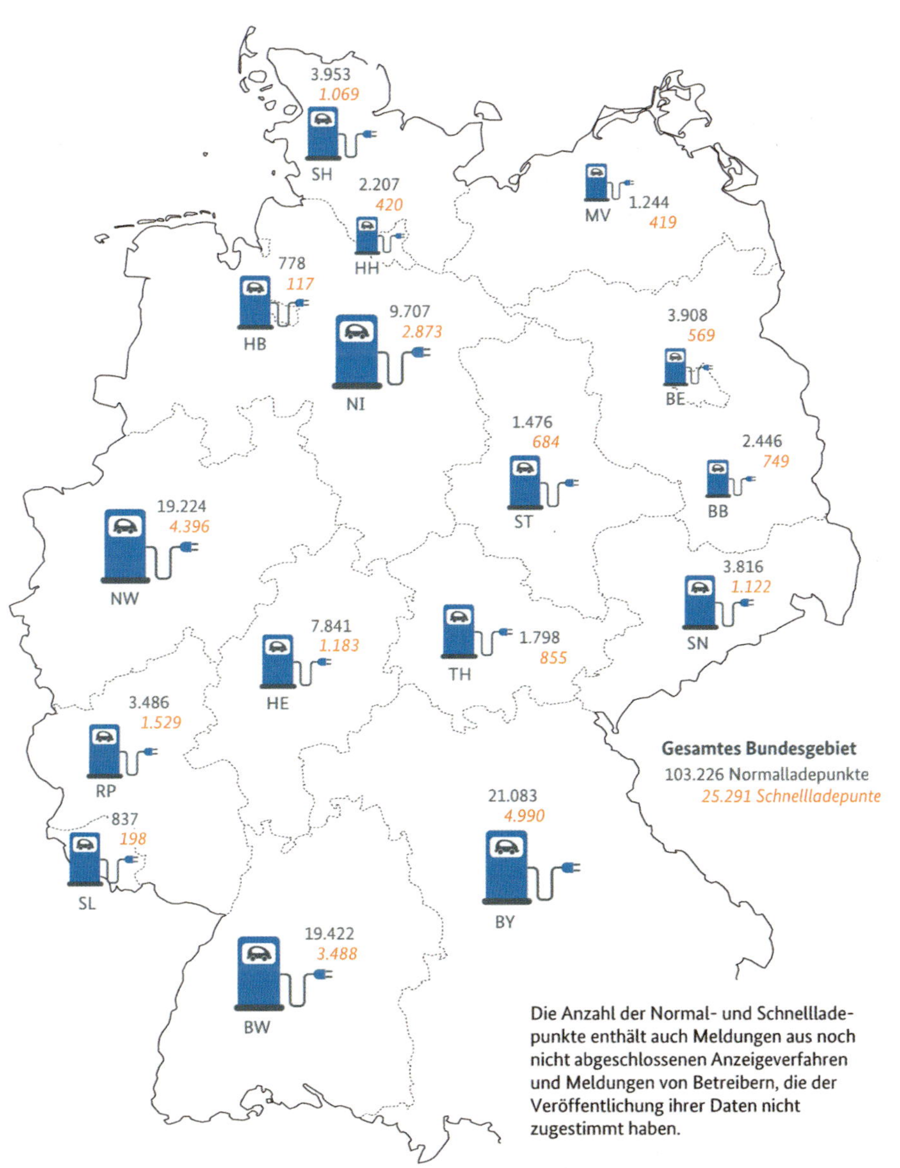

Die Anzahl der Normal- und Schnellladepunkte enthält auch Meldungen aus noch nicht abgeschlossenen Anzeigeverfahren und Meldungen von Betreibern, die der Veröffentlichung ihrer Daten nicht zugestimmt haben.

FAKT 48

LADEKABEL

Bei den Ladekabeln für Elektroautos gibt es Unterschiede. Je nach Ladestation und Ladeleistung des Fahrzeugs sind andere Stecker notwendig. Weit verbreitet sind der Typ-2- und der CCS-Stecker. Anders sieht es mit CHAdeMO aus. Dieser Steckertyp ist nur noch selten vorhanden. Der Schuko-Stecker für die herkömmliche Steckdose spielt bei kaum einem reinen E-Auto eine Rolle, kommt aber bei Plug-in-Hybrid-Modellen zum Einsatz. Tesla hingegen hat eine eigene Steckervariante. Die ist dem Typ-2-Stecker zwar optisch ähnlich, hat aber anders belegte Pins. An den Schnellladesäulen sind die Kabel immer direkt an der Station befestigt. Bei Wallboxen gibt es welche mit integriertem Kabel und andere ohne. Dann muss der Wagen über das meist beim Erwerb mitgelieferte Kabel mit der Stromquelle verbunden werden. Ziel ist immer, die Batterie mit neuer Energie zu versorgen.

LADEKARTE

Das Thema Ladekarten ist sehr komplex. Grundsätzlich wird mit einer solchen Karte der Zugang zur Ladestation freigegeben und anschließend der Energieverbrauch abgerechnet. Die Ladekarte dient also zur Identifikation und Autorisierung des Kunden. Wer überwiegend im heimischen Bereich unterwegs ist und keine Möglichkeit hat, zu Hause zu laden, könnte bereits mit der Ladekarte des regionalen Stromversorgers auskommen. Dann sind allerdings lediglich die öffentliche Ladesäulen in der Nähe zu nutzen. Anders sieht es mit der Karte eines Roaming-Anbieters aus. Diese Netzwerke bieten Zugang zu den Ladesäulen unterschiedlicher Anbieter, die sich zusammengeschlossen haben. So besteht eine überregionale und oft sogar internationale Lademöglichkeit. Außer den Autoclubs sind hier beispielsweise die Tankstellenbetreiber Aral, Shell und Esso zu nennen. Zudem sind die Karten von EnbW, Maingau, e-on, Elli, Ionity oder auch Lichtblick sehr beliebt. Sie alle haben fast immer mehrere Tarife im Angebot – mit unterschiedlichen oder auch ganz ohne Grundgebühren. Danach richtet sich dann der Preis für die Kilowattstunde Strom, die beim Laden durch das Kabel in den Akku des Autos fließt. Hier gilt die Faustregel, je höher die monatliche Basisgebühr, je niedriger der Preis pro Kilowattstunde. Wer also viel fährt und unterwegs laden muss, für den lohnt sich meist ein entsprechender Vertrag mit einem Anbieter. Die meisten E-Autohersteller bieten zudem eigene Ladekarten an, die an große Netzwerke gekoppelt sind. Es gilt, die Anbieter mit ihren unterschiedlichen Tarifen intensiv miteinander zu vergleichen. Wichtig dabei ist, auf eine möglichst einfache Preisstruktur mit geringen Kosten sowie eine für das individuelle Fahrprofil sinnvolle Verfügbarkeit an Ladesäulen zu achten. Statt Karten lassen sich bei einigen Betreibern auch Smartphone-Apps zur Identifikation und Abrechnung einsetzen. Dann sind die Ladesäulen meist mit einem QR-Code ausgestattet, der mit dem Handy gescannt wird. Das Bezahlen mit Debit- oder Kreditkarten muss seit April 2024 an neuen öffentlichen Ladestationen möglich sein. Ältere Ladesäulen haben für die Nachrüstung mit Kartenterminals eine Übergangsfrist bis 2027. Vergleichsportale wie ladekarten-vergleichen.de können bei der Entscheidung für die richtige Ladekarte helfen.

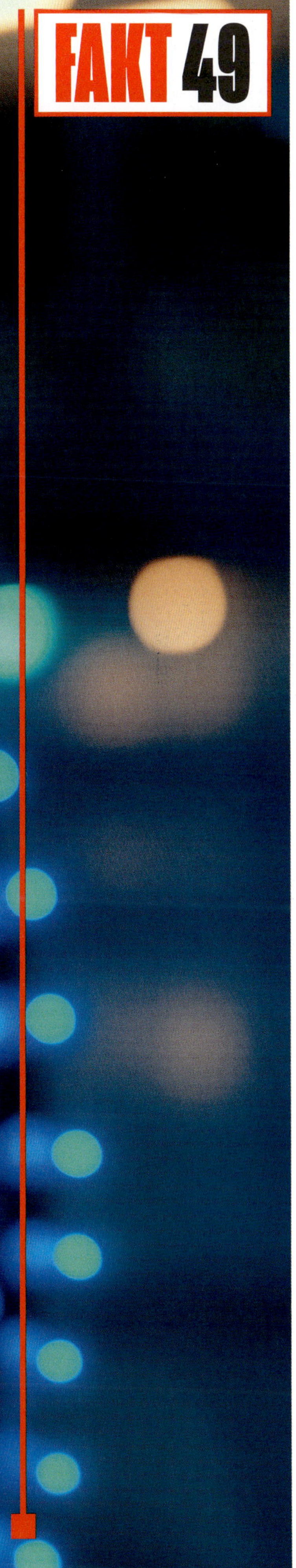

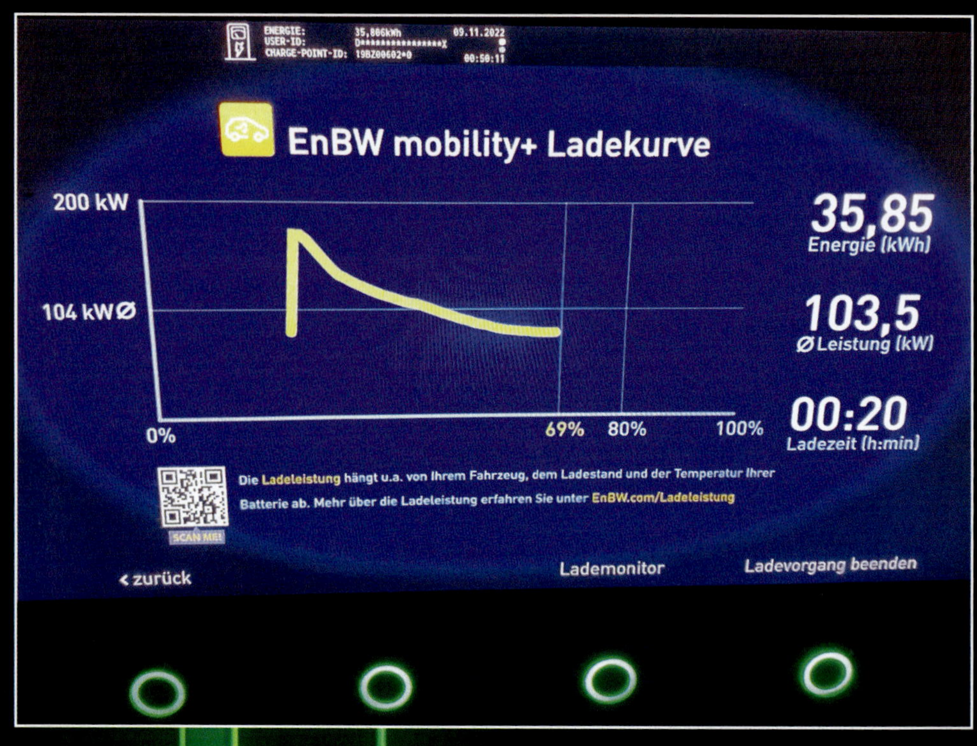

LADEKURVE

Die Ladekurve zeigt die Änderung der Ladeleistung während des Ladens an. Typisch ist bei idealem Ladestand und Temperatur des Akkus ein hoher Ausschlag nach oben, der bis an die Peakleistung heranreichen kann. Meist hält diese Phase aber nur kurz an und die Kurve zeigt nach unten. Umso näher die maximale Kapazität der Hochvoltbatterie rückt, umso tiefer sinkt die Kurve. Für eine möglichst gute Ladeperformance sollte die Ladekurve möglichst lange auf einem relativ hohen Niveau bleiben. Die Ladekurve kann je nach Ladesäule, Batterietechnologie sowie Zustand des Akkus stark variieren. Dabei spielen Temperatur und Restkapazität in der Batterie eine entscheidende Rolle.

LADELEISTUNG

Für die Dauer des Ladens der Hochvoltbatterie ist die in Kilowatt (kW) angegebene Ladeleistung entscheidend. Je größer die Ladeleistung des Fahrzeugs und der Ladestation, desto schneller lädt Ihr Elektroauto. Allerdings wird die Zeit des Aufladens immer vom schwächsten Glied in der Kette bestimmt. So kann die Leistung einer Ladesäule beispielsweise 300 kW betragen, das E-Auto hingegen nur 170 kW aufnehmen kann, sind die 170 kW das Limit. Andersherum ist es ebenso. Ein E-Fahrzeug mit einer maximalen Ladeleistung von 250 kW bekommt an einer Ladesäule mit 50 kW eben nur diese Leistung. Die in der Batterie gespeicherte Kapazität wird in Kilowattstunden (kWh) angegeben und ergibt sich daraus, dass Ladeleistung mit Ladezeit multipliziert werden. Beim Laden mit Wechselstrom (AC) ist die Ladeleistung meist gleich und wird erst kurz vor Ende des Ladevorgangs reduziert. Beim DC-Laden (Gleichstrom) ändert sich die Ladeleistung je nach Batterieladung und Temperaturbedingungen. Um eine möglichst hohe Lebensdauer der Batterie zu gewährleisten, regelt die interne Steuerung des E-Fahrzeugs die Ladeleistung nicht nur hinsichtlich des Ladezustands (dem sogenannten SOC), sondern orientiert sich zudem an der Temperatur der Batterie. Das sorgt für Sicherheit beim Ladevorgang und dient dem Schutz der Batterie vor Überhitzung. Wird der Akku an kalten Tagen nicht entsprechend vorkonfiguriert und damit auf die so genannte Wohlbühl-Temperatur gebracht, ist die Ladeleistung zunächst sehr niedrig.

LADETIPPS 1

Aufklärung und vor allem Erfahrung ist notwendig, wenn es darum geht, in welchen Bereichen sich Hochvolt-Batterien am besten laden lassen. Jörg Kerner, Baureihenleiter des Porsche Macan, hat hier einige Ratschläge parat. „Um schnell zu laden, sollte der Akku möglichst wenig Restenergie gespeichert haben. Zehn Prozent sind relativ ideal. Wer sich darauf einlässt wird bald merken, dass es auch noch weiter runter geht. Aber in Richtung zehn Prozent sollte es gehen. Bei meinen Gesprächen bringe ich immer wieder das Beispiel vom Parkplatz eines Supermarktes an und vergleiche ihn mit einem Akku im E-Auto. Wenn der Parkplatz leer ist und ich lasse dann ganz viele Leute auf einmal gleichzeitig mit ihrem Auto anfahren, finden die alle schnell einen Platz. Wenn der Parkplatz aber schon halb voll ist, dann dauert es einfach viel länger, bis die freien Plätze gefunden werden. Nicht anders ist es, wenn der Strom in eine ziemlich leere oder halb volle Batterie fließt."

Die Software im Ladeplaner des neuen Porsche Macan beispielsweise erkenne sehr gut, wie weit die Energie noch reicht und schlage eher einen Ladepark mit vielen Ladesäulen als die Fahrt zu einer einzelnen Säule vor. „Ich bin jetzt 55.000 Kilometer seit Ende September mit dem Macan unterwegs gewesen, mit dem Auto, mit dem ich quasi alle Erprobungsfahrten selber gemacht habe. Ich kann sagen, das ist alles problemlos gelaufen. Und ich fahre inzwischen viel weiter runter als nur bis zehn Prozent Restkapazität."

Geht es darum, wie voll die Batterie geladen werden soll, hat Jörg Kerner ebenfalls klare Vorstellungen und Ratschläge: „Wenn ich eine lange Strecke vor mir habe, dann lade ich den Akku zu Hause an der Wallbox voll. Unterwegs aber lade ich manchmal nur noch bis auf 60 Prozent. Danach wird's mir schon fast zu langsam." Bei Porsche und auch bei einer Reihe anderer Hersteller sei das Ladeplateau recht hoch. Bis ungefähr 50 oder 55 Prozent würde mit um die 200 kW geladen. „Ist das Tagesziel mit den 60 Prozent gut zu erreichen, dann lade ich auch nicht weiter, weil es danach halt einfach langsamer wird. Abends kann ich ja dann wieder – möglichst mit AC, um die Batterie zu schonen – wieder vollladen." Jenseits der Marke von 80 Prozent falle die Ladeperformance beim Schnellladen erst recht in den Keller. „Da lohnt sich, keine Minute länger an der Säule zu stehen."

Porsche habe das Thema schnelles Reisen wie bei allen anderen Projekten des Unternehmens auch bei der Elektromobilität in den Vordergrund gestellt. „Über unseren Ladeplaner versuchen wir, den Kunden die optimale Gesamtzeit der Reise zu zeigen. Das heißt, wenn es effizienter ist, weiter als 60 oder 70 Prozent zu laden, bevor noch mal ein zweiter Stopp notwendig wird, wird das vorgeschlagen. Manchmal ist es aber besser zweimal kurz, statt einmal lang zu laden."

Im Winter gelte es zu bedenken, dass es natürlich länger dauere, bis die knapp 600 Kilogramm schwere Batterie bei extrem niedrigen Außentemperaturen auf die richtige Temperatur zum Laden komme. Sollte der Wagen im Freien stehen, sei der Akku nicht schon nach zehn Kilometern Fahrt im Wohlfühlbereich fürs Schnellladen. „Das geht rein physikalisch nicht."

FAKT 53

LADETIPPS 2

Es passiert sehr häufig, dass in Ladeparks oder Ladeeinrichtungen mit mehreren Säulen Neuankömmlinge an eine Ladesäule fahren, an der auf einer Seite bereits ein Auto angeschlossen ist. Dass dann aber die Leistung der Säule – außer bei Ionity – halbiert wird, ist oft nicht bekannt. Porsche-Mann Jörg Kerner weiß aus eigener Erfahrung, dass entsprechende Erklärungen dann aber oft sehr dankbar angenommen würden. Das gelte in erster Linie für Säulen mit einer Leistung von 300 kW, die dann auf jeweils 150 kW aufteile. Gerade mit Autos, die, wie Porsche-Modelle, über einen längeren Zeitraum mindestens 200 kW aufnehmen können, sei das ärgerlich. Aber natürlich gelte das auch für die Säulen mit 150 kW. „Eine Vielzahl von E-Fahrzeugen kann diese Leistung ja problemlos aufnehmen. Doch wenn zwei Autos an einer Säule laden, kommen auf jeder Seite nur noch 75 kW an. „Wenn ich beim Laden bin und das Thema bei anderen E-Autofahrern anspreche, wird mir sehr häufig gesagt, das habe man nicht gewusst." Aus Kerners Sicht fehlt es hier noch an Aufklärungsarbeit. Außerhalb der Stoßseiten sei es überwiegend möglich, die volle Leistung der Ladesäulen abzurufen, da es dann ausreichend Ladepunkte gebe.

Volle Leistung bedeute eben auch schnelles Laden und damit kurze Reisezeit. Ein Thema, das bei Porsche eine große Bedeutung hat. So wie auch die Fahrperformance. Und die habe bei der E-Mobilität eine Dimension, die bei konventionellen Antrieben so nicht zu erreichen sei, betont Kerner. Tiefer Schwerpunkt, Achslastverteilung, Ansprechverhalten, Fahrstabilität, Fahrspaß – alles Punkte, die nun auf einem komplett neuen Level seien.

FAKT 54

LADEVERLUST

Verluste an Energie sind beim Laden eines E-Fahrzeugs schlichtweg nicht zu vermeiden. Diese Ladeverluste sind jedoch unterschiedlich groß. Es gibt eine Vielzahl von Faktoren, die darauf Einfluss nehmen. So gilt beim Laden mit Wechselstrom zunächst einmal, dass bei hoher Ladeleistung der Ladevorgang kürzer ist und damit die Ladeverluste geringer sind. Die Batterie sollte also immer möglichst schnell voll sein. Deshalb ist vor allem auch eine nicht zu niedrige Temperatur des Akkus wichtig. Auswirkungen haben zudem der Durchmesser und die Länge des Ladekabels. Aus Kostengründen empfiehlt es sich also, zu Hause an der Wallbox mit maximaler Ladeleistung und kurzem Kabel zu laden. Beim Laden mit Gleichstrom an den öffentlichen Säulen gibt es ebenfalls Ladeverluste. Die aber erfolgen in der Ladesäule, da dort und nicht im Bordladegerät die Umwandlung von Wechsel- in Gleichstrom erfolgt. Generell gilt, dass die Ladeverluste in etwa zwischen zehn und 20 Prozent liegen.

FAKT 55

LASTMANAGEMENT

Wenn mehrere Elektroautos gleichzeitig laden, darf der Anschluss nicht überlasten. Dafür sorgen Lastmanagementsysteme. Ein solches System koppelt alle Ladestationen untereinander und stimmt die Ladevorgänge aufeinander ab. Entweder wird die Ladeleistung verringert oder die Fahrzeuge werden nacheinander geladen. Dadurch wird der vorhandene Netzanschluss optimal ausgelastet und es ist keine Verstärkung der Anschlussleistung oder sogar ein neuer Transformator notwendig. Da Wohngebäuden, Parkplätzen und Tiefgaragen in der Regel in der Vergangenheit ohne große Leistungsreserven ausgelegt wurden, ist hier bei mehreren Ladepunkten immer ein Lastmanagementsystem notwendig. (siehe auch Lastmanagement bei Wallboxen)

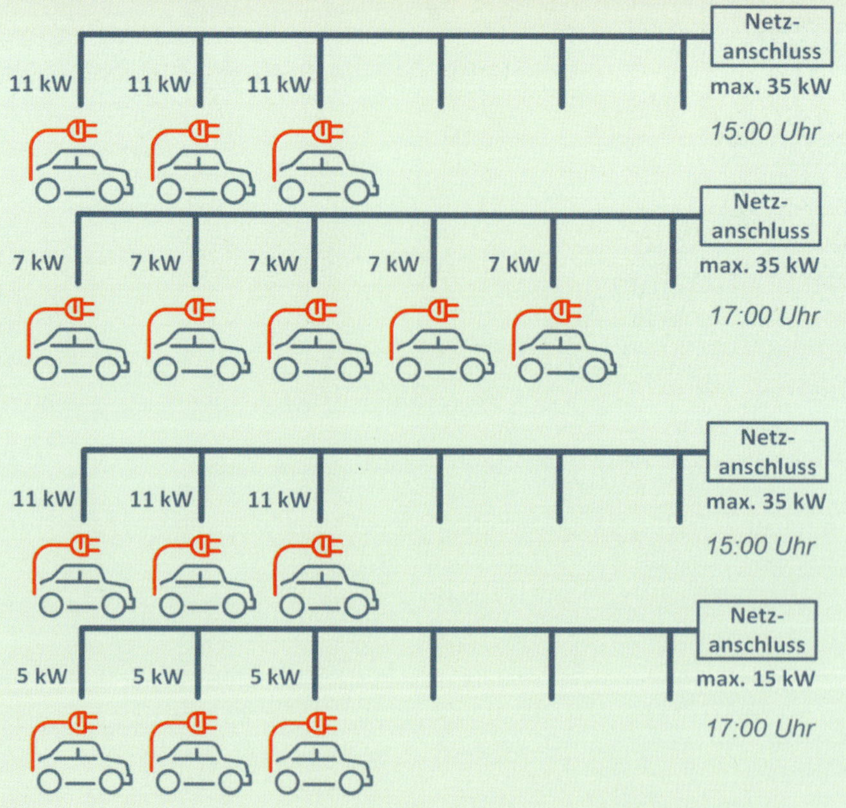

LEASEN/MIETEN/KAUFEN

FAKT 56

Kunden entscheiden sich längst häufiger für das Auto-Leasing als für einen Kauf. Das gilt gerade auch für E-Autos. Gründe dafür gibt es gleich mehrere. Zum einen entwickelt sich die Technik ähnlich rasant wie bei Smartphones, Laptops oder Computern. Das hat eine enorme Ungewissheit hinsichtlich des Restwerts zur Folge. Beim Leasing muss sich der Kunde darüber nicht den Kopf zerbrechen. Auf der anderen Seite sind die Anschaffungspreise von E-Autos höher als die von Verbrennern. Damit können die Leasingraten für Stromer zwar vergleichsweise ebenfalls höher sein, doch aufgrund der geringeren Betriebs- und Unterhaltskosten geht die Rechnung meist dennoch auf. Inzwischen bieten einige Hersteller und Autoverleiher zusätzlich die Möglichkeit an, ein E-Auto im Abo zu mieten. Die Dauer beträgt in den meisten Fällen mindestens einen Monat. So haben Interessenten die Chance, die E-Mobilität zu testen, ohne sich langfristig zu binden. Nio beispielsweise sieht darin die Chance, Kunden von der E-Mobilität allgemein zu begeistern, vor allem aber auch den vom Hersteller angebotenen Akkutausch (siehe Fakt Nio) zu erleben und sich davon überzeugen zu lassen. Volvo hat das Abo wie auch andere Hersteller schon seit längerer Zeit im Programm. Mittlerweile sind auch Autovermieter auf den Abo-Zug aufgesprungen. Wichtig dabei ist für die Kunden, auf die Freikilometer bei der Laufleistung für den abgeschlossenen Zeitraum zu achten. Auch Kaution, Kündigungsfristen oder die Möglichkeit eines Modellwechsels während des Abos gibt es zu bedenken.

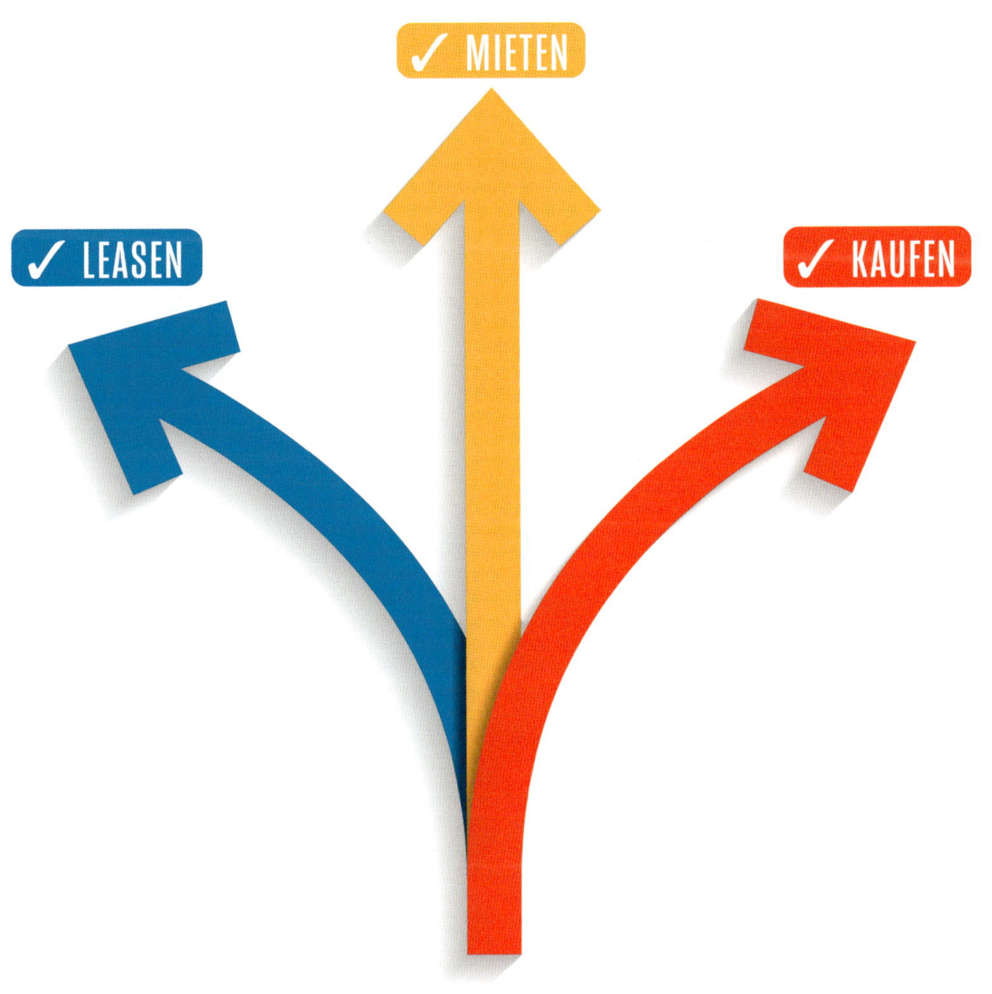

FAKT 57

LEBENSDAUER EINER BATTERIE

Lebensdauer hat in diesem Fall keinesfalls nur etwas mit dem Alter zu tun. Wie sich auch beim Menschen eine gesunde Lebensweise bis ins hohe Alter bemerkbar machen kann, zeigt auch ein Akku im E-Fahrzeug positive Reaktionen auf pfleglichen Umgang. Selbstverständlich ist es die Anzahl der Lade- und Entladezyklen, die den Leistungsabfall einer Batterie und damit deren Lebensdauer bestimmt. Und auch Batterietyp, Betriebsbedingungen und Wartung beeinflussen die Lebensdauer. Doch ein Akku, der nicht ständig an einer Schnellladesäule mit neuer Energie versorgt, sondern häufiger über Nacht an der heimischen Wallbox stressfrei mit Gleichstrom aufgeladen wird, altert in der Regel langsamer und hält damit länger. Für die Nutzungsdauer und Wertigkeit der Batterie ein wichtiger Aspekt. Gerade für den Wiederverkaufswert eines E-Autos ist dieser Punkt nicht unerheblich. Denn die Rest-Kapazität eines Akkus und damit sein Zustand lässt sich inzwischen von Fachbetrieben gut messen.

LITHIUM-IONEN-AKKU

Lithium ist ein extrem leichtes Metall (0,534 Gramm pro Kubikzentimeter) und deshalb ideal geeignet für eine leichte Batterie mit hoher Energiedichte. In den wiederaufladbaren Lithium-Ionen-Akkus wandern die Lithium-Ionen während des Lade- und Entladevorgangs dauerhaft zwischen den Elektroden. Diese Art von Batterien wird derzeit überwiegend in Elektrofahrzeugen und auch anderen elektronischen Geräten eingesetzt. Außer der hohen Energiedichte bieten diese Akkus eine lange Lebensdauer, eine geringe Selbstentladung und im Vergleich zu anderen Batterietypen so gut wie keinen Memory-Effekt. Sie können elektrische Energie in relativ großer Menge effizient speichern und bieten damit die Basis, Elektrofahrzeugen längere Betriebszeiten zu ermöglichen. Im Lithium-Ionen-Akku werden die einzelnen Zellen entweder in Block- oder in Modulbauweise kombiniert. Für kleinere Batteriesysteme mit wenigen Zellen eignet sich eher die Blockbauweise. In der sind die Zellen abwechselnd zu einem Block gestapelt. Bei der Modulbauweise sind die einzelnen Zellen in Reihe geschaltet. Sowohl die Ausrichtung als auch die Anzahl der Zellreihen beeinflussen die Kapazität und die spannungsliefernde Wirkung.

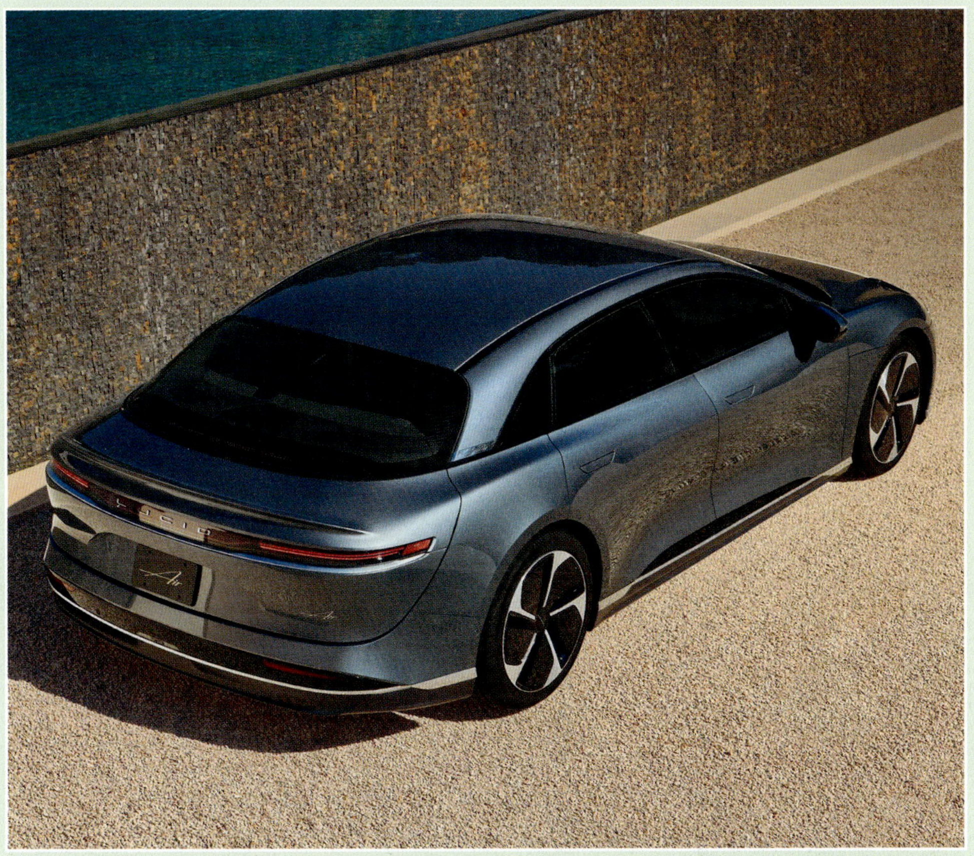

LUCID MOTORS

Lucid Motors, ehemals Atieva, hat seinen Sitz in Newark (Kalifornien). Das börsennotierte US-amerikanische Automobilunternehmen hat sich auf die Produktion von Elektroautos spezialisiert. In Europa wird derzeit lediglich die Edellimousine Air angeboten.

FAKT 60

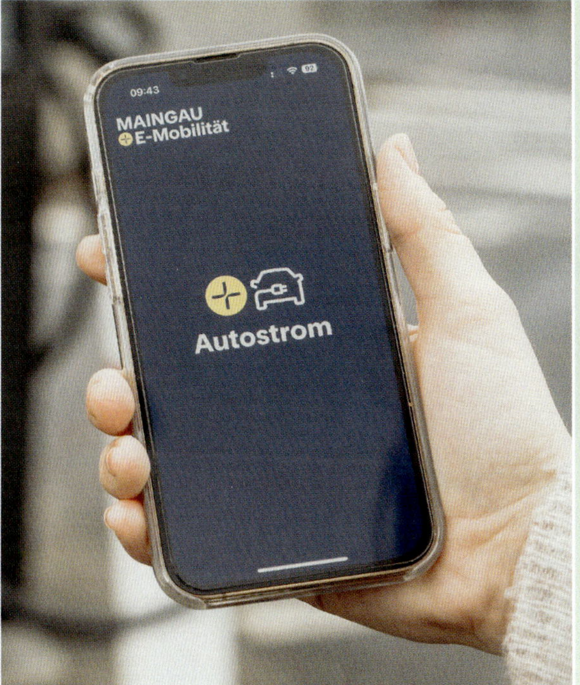

MAINGAU

Kommunale und privatwirtschaftliche Partner haben sich zum Unternehmen Maingau zusammengeschlossen. Etwa 127.000 Ladepunkte in Deutschland und mehr als 600.000 in Europa stehen mit der Lade-App, Ladekarte oder dem Ladechip von Maingau Autostrom zur Verfügung. Während die App kostenlos ist, müssen Karte oder Chip gekauft werden.

FAKT 61

MAXUS

In Deutschland ist die Marke Maxus, Teil der chinesischen Gruppe SAIC Motor, noch nicht sehr bekannt. Maxomotive Deutschland tritt hier erst seit 2020 als Importeur von Maxus-Fahrzeugen auf. Mit den Modellen eDeliver 3, eDeliver 7 und eDeliver 9 liegt die Konzentration auf leichten elektrisch angetriebenen Nutzfahrzeugen. Dazu kommen aktuell noch das E-Shuttle Mifa 9 und der Pick-up T90 EV.

FAKT 62

MEB

MEB ist die Abkürzung für Modularer E-Antriebs-Baukasten. Die von Volkswagen entwickelte Plattform ist ausschließlich für Elektroautos einsetzbar. Die Techniker des Konzerns sprechen in diesem Zusammenhang gerne von einem Skateboard-Konzept, da die Hochvolt- oder auch Antriebsbatterie in einem Rahmen zwischen den Achsen im Wagenboden liegt. Der oder die E-Motoren sowie die Leistungselektronik sind je nach Modell an der Vorder- und/oder Hinterachse platziert. Der MEB bietet nicht nur die Möglichkeit, unterschiedliche Karosserien auf der Plattform aufzubauen, sondern lässt sich außerdem relativ einfach skalieren. Damit ist der Baukasten vom Kleinwagen bis zum SUV einsetzbar. Auch lässt sich die Zahl der Module in den jeweiligen Antriebsbatterien eines Modells variieren. Die Bandbreite des Angebots kann so von besonders effizient bis zu hohen Reichweiten ausgebaut werden. Zum Einsatz kommt der MEB bei den ID. -Modellen von VW, sowie den E-Versionen von Cupra und Skoda. Audi nutzt den Baukasten lediglich für zwei Baureihen. Inzwischen hat sich zudem Ford den Zugriff auf den MEB-Baukasten gesichert.

MEB-Antrieb APP550

FAKT 63

MEB SMALL PLATTFORM

Nach der erfolgreichen Umsetzung des Modularen E-Antriebsbaukastens überträgt der VW-Konzern das Konzept auf die kleineren Baureihen. Vier Modelle unterschiedlicher Marken werden auf der neuen MEB Small Plattform in einem so genannten Projekthaus geplant. Angesiedelt ist das im spanischen Martorell, der Heimat des Seat-Ablegers Cupra. Der Raval und der VW ID.2 all werden in dem Cupra-Betrieb produziert. Die anderen beiden Modelle bei Volkswagen in Pamplona. Der Cupra Raval wird wie geplant 2026 auf den Markt kommen. Alle Beteiligten betonten, dass sich die Zusammenarbeit der drei Marken bestens bewährt hat. Das Small-BEV-Projekt soll so etwas wie eine Blaupause für die zukünftige Zusammenarbeit der unterschiedlichen Marken sein. Der Plan sei, dass in diesem Cluster-Ansatz zukünftig möglichst alle Projekte abgewickelt werden. So könnten die Synergien des Konzerns bestens genutzt werden, heißt es.

FAKT 64

MERCEDES-BENZ

Über ein zu kleines Angebot an E-Fahrzeugen kann sich beim Blick auf die Stromer-Liste bei Mercedes-Benz wohl niemand beklagen. Gleich zehn elektrisch angetriebene Modelle bietet die Marke mit dem Stern inzwischen an. Besonders umfangreich ist dabei die SUV-Palette, die den EQA, EQB, EQE SUV, EQS SUV und den Maybach EQS SUV beinhaltet. Dazu gesellt sich noch die neue G-Klasse, die nun ebenfalls als Elektro-Fahrzeug gebaut wird. Mit EQE und EQS gibt es zwei Limousinen sowie mit EQT und EQV einen Van und ein Reisemobil. Im Mercedes-Benz eCampus, dem Kompetenzzentrum des Unternehmens, wird die konzernweite Entwicklung für Batterietechnologien gebündelt. Modernste Produktionsanlagen ermöglichen Mercedes-Benz, Batteriezellen mit unterschiedlicher Chemie im industriellen Maß zu testen und zu fertigen.und zu testen.

MG

MG oder Morris Garage gehören wie auch Roewe, Maxus, SAIC Volkswagen, SAIC-GM und andere zu SAIC Motor, dem siebtgrößten Autohersteller der Welt. Das Unternehmen hatte als erster Automobilkonzern in China einen Jahresabsatz von mehr als sieben Millionen Einheiten. MG4, MG5, MG ZS, MG Marvel R sind die rein elektrisch angetriebenen Modelle, die der Hersteller auf dem deutschen Markt anbietet.

FAKT 65

FAKT 66

NIO

Eine Ausnahmestellung bei den Anbietern von E-Autos nimmt das chinesische Unternehmen Nio ein. Denn die Akkus der Fahrzeuge des Herstellers lassen sich nicht nur per Kabel an Ladesäulen mit neuer Energie versorgen. An den Swap-Power-Stations der Marke werden komplette Wechsel der Akkus vorgenommen. Dabei fährt der Wagen selbstständig in die garagenähnliche Station und innerhalb von etwa fünf Minuten erfolgt in einem automatisierten Prozess der Tausch des leergefahrenen Akkus gegen einen frisch aufgeladenen. Allerdings ist das lediglich bei geleasten Fahrzeugen möglich, da der Akku immer fester Bestandteil des Fahrzeugs ist. Bei gekauften Nios ist der Wechsel nicht möglich, da der jeweils eingewechselte Akku nicht dem erworbenen Fahrzeug zugeordnet werden kann. Das gilt für die gesamte Nio-Palette, die derzeit ET5, ET5 Tourer, EL6, EL7, ET7 und EL8 umfasst.

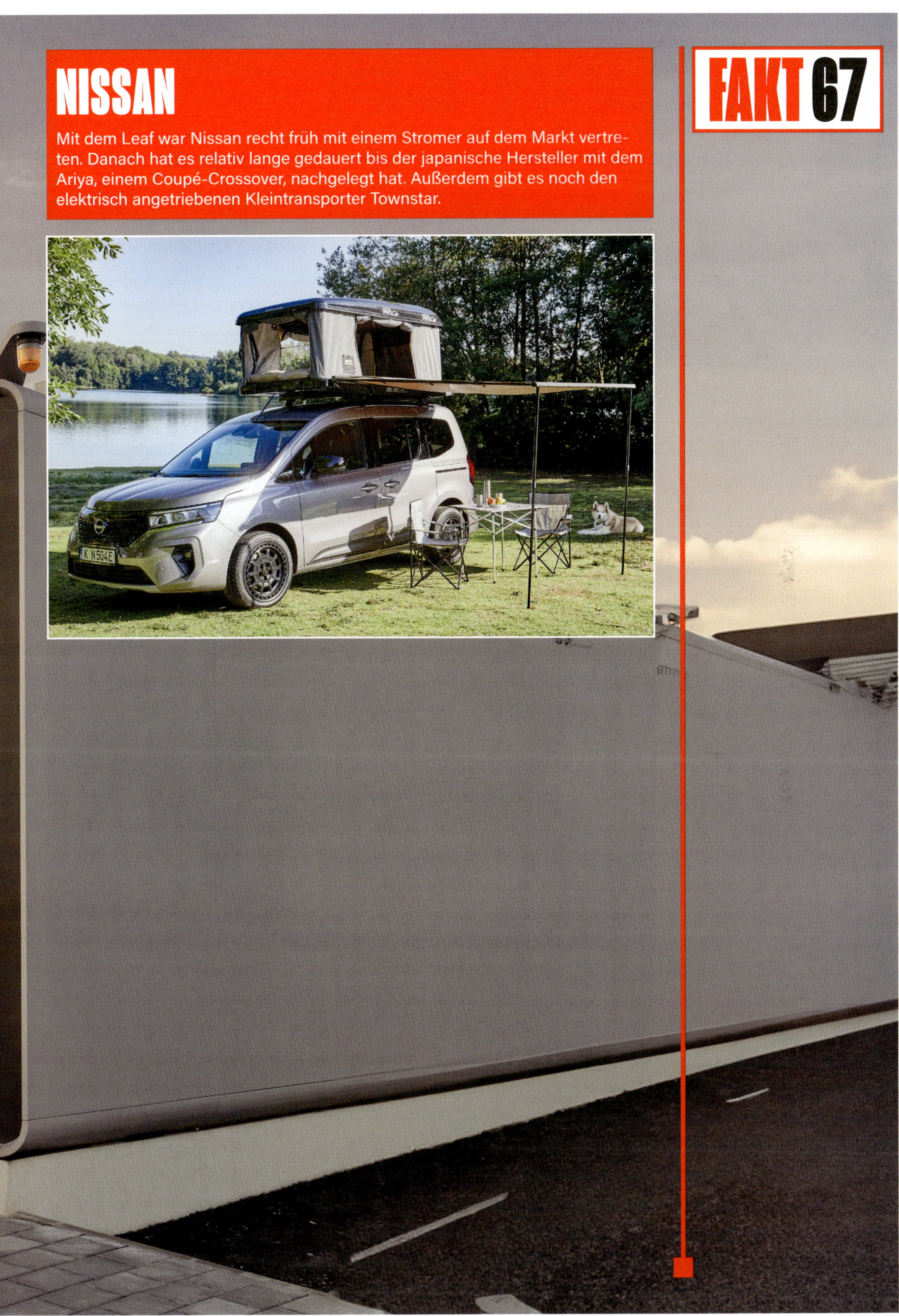

FAKT 67

NISSAN

Mit dem Leaf war Nissan recht früh mit einem Stromer auf dem Markt vertreten. Danach hat es relativ lange gedauert bis der japanische Hersteller mit dem Ariya, einem Coupé-Crossover, nachgelegt hat. Außerdem gibt es noch den elektrisch angetriebenen Kleintransporter Townstar.

FAKT 68

ONE-PEDAL-DRIVING

Beim One-Pedal-Konzept lässt sich das E-Fahrzeug nach einer gewissen Eingewöhnung fast ausschließlich mit dem Fahr- oder auch Beschleunigungspedal fahren. Die mechanische Bremse wird nur noch in Ausnahmefällen benötigt. Lockert der Fuß den Druck aufs Fahrpedal, setzt die so genannte Rekuperation bereits stärker ein als ohne das One-Pedal-Driving. Der Wagen verzögert deutlich. Wird der Fuß komplett vom Beschleunigungspedal genommen, wird bis zum Stillstand gebremst. Die mechanische Bremse wird demzufolge lediglich nur noch für stärkeres Bremsen oder für eine Notbremsung benötigt. Vorausgesetzt ist ein vorausschauendes Fahren. Bei Modellen einiger Hersteller ist das One-Pedal-Driving immer integriert, bei anderen lässt es sich über Schaltwippen am Lenkrad anwählen. So kann man den Grad der Rekuperation in unterschiedlichen Stufen vorwählen.

OPEL

Die Ankündigung hat nach wie vor Bestand. Von 2025 an soll der derzeitigen Flaute beim Stromer-Absatz jeder neue Opel ein reines Elektrofahrzeug sein. Den Weg dorthin haben die Rüsselsheimer, inzwischen unter dem Dach des Stellantis-Konzerns, bereits gut bereitet. Immerhin sind im elektrischen Portfolio bereits Corsa, Mokka, Astra, Astra Sports Tourer, Combo und Zafira enthalten.

FAKT 70

PANNENHILFE

Das Abschleppen von E-Autos birgt Gefahren. Es kann sowohl die Steuerungselektronik als auch den Motor ruinieren. Der Grund: Elektroautos haben keinen Leerlauf. Und so kann beim Schleppen unkontrolliert Strom erzeugt werden, denn die E-Motoren arbeiten dann auch als Generator. Ohne eingeschaltete Bordsysteme fließt so durch die Rekuperation Strom im Motor und kann hohe Induktionsspannungen erzeugen. Je höher die Geschwindigkeit des Fahrzeugs ist, desto stärker macht sich auch dieser Effekt bemerkbar. Unproblematisch ist es, das E-Auto ein kleines Stück zu schieben. Da es aber keine einheitliche Regelung der Hersteller in Bezug auf das Abschleppen gibt und je nach Modell unterschiedliche Bedingungen erfüllt werden müssen, hilft ein Blick in die Betriebsanleitung im Bordbuch. Am sichersten aber ist das Verladen auf einen Anhänger oder die Ladefläche eines Lkw. Die Automobilclubs schulen ihre Pannenhelfer speziell für den Umgang mit E-Autos.

PANNENSTATISTIK

Sind Elektrofahrzeuge pannenanfälliger als Verbrenner? Laut der Pannenstatistik des ADAC kann dazu aufgrund der gestiegenen Zulassungszahlen für E-Fahrzeuge inzwischen zumindest ansatzweise eine Antwort gegeben werden. Danach schneiden die Stromer deutlich besser ab. Der Verkehrsclub hat 2,8 Pannen pro 1.000 E-Fahrzeuge im Alter von drei Jahren ermittelt. Bei Verbrennern im identischen Alter lag der Wert bei 6,4. Nach wie vor ist die Starterbatterie in beiden Antriebsversionen häufigste Ursache für eine Panne. Ein 12-Volt-Starterbatterie ist auch in E-Fahrzeugen außer zum Starten auch zum Betreiben des Lichts, der Armaturen und aller Systeme, die mit Niederspannung arbeiten, notwendig. Defekte Reifen sind das zweithäufigste Problem für die ADAC-Einsätze. Das gilt wieder für Stromer und Verbrenner. Gleichwohl verweist der Autoclub darauf, dass die Reifen durch das hohe Gewicht von Elektroautos einer ungleich stärkeren Belastung ausgesetzt sind. Wie sich das über Jahre auswirke, sei ungewiss. Pluspunkte verzeichnen E-Autos laut ADAC hingegen bei den Themen Schlüssel, Schlösser, Wegfahrsperre sowie für den Bereich Motor, Management und Hochvolt-(HV)-System. Der Autoclub erklärt, dass hinsichtlich des Antriebs mit dem deutlich einfacheren technischen Aufbau eines E-Motors. Wenn es um Probleme rund um den Schlüssel geht, liegt die Vermutung nahe, dass bei Elektroautos deutlich häufiger die Keyless Go-Versionen als die kontaktlosen Ausführungen im Einsatz sind.

FAKT 72

PEUGEOT

Wie Opel gehört auch der französische Autobauer Peugeot mittlerweile zum Vielmarken-Konzern Stellantis. Von den dort entwickelten Plattformen profitieren alle Marken, so eben auch Peugeot. Und das sogar mit einem besonderen Vorzeichen. Der E-3008 war im Jahr 2023 das erste Elektroauto, das auf einer von vier (Small, Medium, Large und Frame) komplett neu entwickelten, sogenannten STLA-Plattformen (Stellantis Architecture) basiert. Außer dem 3008 umfasst die Stromer-Palette der Franzosen im Pkw-Bereich noch den E-208, den E-2008, den E-3008, den E-5008 und den E-Rifter L1 Allure. Zudem gibt es reine E-Antriebe in den Nutzfahrzeugen E-Partner, E-Expert und E-Boxer.

FAKT 73

PLUG&CHARGE

Keine Lade- oder Kreditkarte und auch keine App auf dem Smartphone ist mehr notwendig. E-Fahrzeuge, die über ein Plug&Charge-System verfügen, können problemlos mit der Ladesäule kommunizieren. Elektroauto und Ladesäule erkennen sich und tauschen digitale Zertifikate aus. So muss lediglich noch der Ladestecker ans Fahrzeug gekoppelt werden und der Strom fließt. Entwickelt wurde dieser inzwischen normierte Kommunikationsstandard 2017. Im öffentlichen Raum funktioniert das System allerdings ausschließlich bei Schnellladesäulen. Es gibt auch schon Wallboxen mit dieser Funktion. Praktisch im halböffentlichen Raum, beispielsweise in Tiefgaragen von Mehrfamilienhäusern. Voraussetzung ist lediglich ein Ladestromvertrag, zum Beispiel mit dem heimischen Stromversorger. Der muss digital im Auto hinterlegt sein. Bisher konnte jeweils nur ein einziger Ladestromvertrag hinterlegt werden. Kooperierte ein Ladesäulenbetreiber mit dem konkreten Vertragspartner nicht, klappt es auch nicht mit Plug&Charge.

FAKT 74

PLUG-IN-HYBRID

Autos mit einem Plug-in-Hybrid-Antriebssystem können zumindest eine gewisse Distanz rein elektrisch zurücklegen. Waren es anfangs noch maximal knapp 50 Kilometer, gibt es inzwischen Modelle, die bis zu 150 Kilometer mit Strom zurücklegen können. 70 bis 100 Kilometer sind es bei den meisten aktuellen Plug-in-Fahrzeugen. Ist die Energie in der Batterie aufgebraucht oder wird die volle Leistung benötigt, schaltet sich der ebenfalls vorhandene Verbrenner dazu. Geladen werden können die Batterien an herkömmlichen Steckdosen oder auch Wallboxen. Laut ADAC lohnt sich ein Plug-in-Hybrid, wenn mindestens ein Drittel der Strecken elektrisch zurückgelegt werden und möglichst zu Hause geladen werden kann.

POLESTAR

FAKT 75

Polestar ist seit 2017 eine Eigenmarke für Elektroautos. Entstanden ist das Unternehmen als Produkt eines Joint Venture zwischen dem schwedischen Konzern Volvo und dem chinesischen Automobilhersteller Geely. Der Großkonzern aus China hatte vor mehr als 13 Jahren Volvo übernommen. Und so werden die Polestar-Modelle zwar im schwedischen Göteborg designed, die Produktion aber erfolgt in China. In Deutschland werden die Modelle Polestar 2, 3 und 4 angeboten.

FAKT 76

PORSCHE

Der Sportwagenhersteller setzt mehr und mehr auf Elektromobilität. Nach dem 2019 präsentierten Taycan, der in diesem Jahr überarbeitet wurde, gibt es nun auch den Macan mit rein elektrischem Antrieb und ebenfalls 800-Volt-Technologie. In Kürze erfolgt die Elektro-Umstellung der Baureihe 718, anschließend wird das SUV Cayenne ins Elektro-Angebot aufgenommen. 2030 sollen 80 Prozent aller Porsche-Modelle mit einem E-Antrieb angeboten werden. Porsche baut parallel dazu das unternehmenseigene Schnellladenetz weiter aus. Nach Bingen am Rhein, Estenfeld bei Würzburg und Koblach in Österreich hat die vierte Porsche Charging Lounge in Ingolstadt ihren Betrieb aufgenommen. Auf dem Gelände des Porsche-Zentrums stehen dort vier DC-Schnellladesäulen mit bis zu 400 kW Ladeleistung sowie vier AC-Ladepunkte mit 22 kW zur Verfügung. Auch an den bestehenden drei Lounge-Standorten wurde die maximale Ladeleistung der Schnellladesäulen von 300 auf 400 kW angehoben.

PPE

FAKT 77

Die Premium Platform Electric (PPE) ist, wie es der Name schon sagt, das Baukasten-Plattformsystem für das elektrische Premium-Segment im VW-Konzern. Gemeinsam von Audi und Porsche entwickelt, bietet die PPE Vorteile in vielerlei Hinsicht. Das gilt unter anderem für Package und Raumangebot. Zudem lässt die Architektur bei Radstand, Spurweite und Bodenfreiheit enormen Spielraum zu. So können in Zukunft unterschiedliche Modelle in diversen Segmenten auf dieser Plattform realisiert werden. Diese Flexibilität ermöglich es auf der anderen Seite, dass die Modelle der jeweiligen Marken weiterhin ihren eigenständigen Charakter haben. Neueste Technologien im Bereich Vernetzung und Digitalisierung runden das Angebot ab. Der Porsche Macan sowie der Audi Q6 e-tron und der Audi A6 e-tron sind die ersten Vertreter auf der PPE. Die Elektromotoren schöpfen ihre Energie aus einer Lithium-Ionen-Batterie im Unterboden, von deren 100-kWh-Bruttokapazität bis zu 95 kWh aktiv genutzt werden. Der Hochvolt-Akku ist zentraler Bestandteil der PPE mit 800-Volt-Architektur. Die DC-Ladeleistung beträgt bis zu 270 kW. Der Ladestand der Batterie kann an einer geeigneten Schnellladesäule innerhalb von zirka 21 Minuten von zehn auf 80 Prozent angehoben werden, so die Entwickler.

FAKT 78

REICHWEITE

Bei der Anschaffung eines E-Autos ist die Reichweite ein wichtiger Faktor. Zusätzlich sollte das individuelle Fahrprofil besonders berücksichtigt werden. Wer tatsächlich ausschließlich in der Stadt und im nahen Umfeld mit dem Wagen unterwegs ist und zudem zu Hause an der Wallbox laden kann, muss sich um eine möglichst große Reichweite keine Gedanken machen. 150 bis 200 Kilometer schaffen so gut wie alle E-Fahrzeuge, die auf dem Markt sind. Die sind dann meist auch im Preis weitaus erschwinglicher als die Autos, bei denen ein großer Akku verbaut ist. Generell ist es bei den Stromern wie bei den Verbrennern. Eine Batterie mit großer Kapazität ist mit einem großen Tank vergleichbar. Mehr Energie oder Treibstoff erlauben eine weitere Fahrt. Hier sind Luxus- und Oberklassemodelle klar im Vorteil. Der Lucid Air schafft laut Hersteller bis zu 968 Kilometer ohne nachzuladen. Bis zu 821 Kilometern gibt Mercedes-Benz für den EQS 450+ an. Die Reichweite beim Model S von Tesla beträgt nach Angaben des Unternehmens bis zu 600 Kilometer. Ein sehr aktiver rechter Fuß aber hat eben auch enorme Auswirkungen auf den Verbrauch – beim Strom ebenso wie bei Benzin oder Diesel. Und bei den Unterschieden zwischen realem und WLTP-Verbrauch sind die Antriebsarten ebenfalls ziemlich ähnlich. Und so bleiben im realen Fahrbetrieb die Reichweiten fast immer deutlich unter den WLTP-Angaben. In einigen Fällen liegt die Differenz bei bis zu 30 Prozent. Wichtig aber ist zu wissen, dass bei den meisten Stromern der Verbrauch ab einer Geschwindigkeit von 120 Kilometern pro Stunde signifikant steigt. Gerade auch aus diesem Grund arbeiten alle Hersteller verstärkt an der Effizienz. Gewicht und vor allem Aerodynamik der E-Autos spielen eine wichtige Rolle. Der Einsatz von Komfortverbrauchern hat ebenso erhebliche Auswirkungen auf die Reichweite. Die nimmt im Winterbetrieb grundsätzlich nochmals erheblich ab. Die Unterschiede zwischen Temperaturen um den Gefrierpunkt und sommerlichen 20 bis 25 Grad liegen je nach Fahrzeug bei bis zu 25 Prozent Verlust bei der Reichweite.

REISEVORBEREITUNG

FAKT 79

Die längere Urlaubsfahrt mit einem E-Auto sollte gut vorbereitet sein. Auch wenn die integrierten Navigationssysteme und die Routenplaner im Smartphone immer besser werden, Ladepunkte anzeigen und so helfen, die Reise zu organisieren – ein Blick aufs Schnellladenetz entlang der geplanten Strecke kann vor unliebsamen Überraschungen schützen. Die Zahl solcher Ladepunkte an den Autobahnen hat zwar deutlich zugenommen, doch gibt es gerade in der Ferienzeit oder an Wochenenden immer mal wieder Engpässe. Es ist also gut, die eine oder andere Alternative im Kopf zu haben, falls sich an Ladesäulen Schlangen bilden oder die anvisierte Station aus technischen Gründen ausfällt. Einzuplanen ist zudem, dass sich zusätzliche Auf- oder Anbauten auf dem Dach sowie am Heck bei E-Autos aufgrund der drastisch veränderten Aerodynamik und des Mehrgewichts verstärkt auf den Verbrauch auswirken. Auch ist es wichtig darauf zu achten, welche der vorhandenen Ladekarten wo einsetzbar sind. Am Tag vor der Abfahrt ist es sinnvoll, den Akku bis auf 100 Prozent mit Strom zu versorgen, um auf der ersten Etappe möglichst weit zu kommen. Übernachtungen auf dem Weg zum Urlaubsziel sollten so gewählt werden, dass dort das Auto möglichst geladen werden kann. Wenn das nicht machbar ist, am besten abends noch laden. Dann geht es am nächsten Morgen mit frischer Energie für Mensch und Akku weiter.

FAKT 80

REKUPERATION

Rekuperation spielt in der Elektromobilität eine große Rolle. Beim Bremsen und sogar beim Rollen kann die Bewegungsenergie zurückgewonnen und in die Hochvoltbatterie eingespeist werden. Der Elektromotor wird in diesen Phasen zum Generator und lenkt die Energie zurück in den Akku. Vor allem im Stadtverkehr kann aufgrund von Rekuperation der Verbrauch deutlich gesenkt werden. Zudem werden die Bremsen weniger beansprucht, da der Wagen je nach Grad der Rekuperation relativ stark verzögert wird. Starke Verzögerung bewirkt gleichwohl mehr Energierückgewinnung. Doch Experten sehen eine zu starke Rekuperation auf Landstraßen oder Autobahnen eher kontraproduktiv. Ein Fahrzeug, das ungehindert dahin rollt, wenn der Fuß vom Beschleunigungspedal genommen wird, verbraucht so gut wie keine Energie. Das ist gut für die Reichweite. Eine stärkere Rekuperation in solchen Momenten würde die Reichweite eher einschränken.

FAKT 81

RENAULT

Der französische Autobauer reaktiviert, wie auch andere Hersteller, traditionsreiche Namen für die E-Mobilität. Jüngstes Beispiel ist in diesem Fall der Renault 5 E-Tech. Zuvor hatten die Franzosen bereits Megane, Kangoo, Scenic und Trafic als E-Tech, also rein elektrisch angetriebene Varianten auf den Markt gebracht.

FAKT 82

ROAMING-NETZWERKE

Die Ladekarte oder der Ladechip müssen nicht unbedingt vom Betreiber der Ladesäule stammen. Geladen werden kann auch mit Karten eines Elektromobilitäts-Anbieters, der mit dem Betreiber der Ladesäule eine Kooperation eingegangen ist. Mit dem Roaming ist es möglich, Ladesäulen unterschiedlicher Betreiber mit entsprechenden Ladekarten freizuschalten. Auch das anschließende Abrechnen wird so problemlos geregelt.

FAKT 83

SCHNELLLADESÄULE

Schnellladesäulen bieten eine hohe Ladeleistung von mindestens 150 Kilowatt (kW), um den Akku des E-Fahrzeugs in möglichst kurzer Zeit aufzuladen. Die entsprechenden Anbieter haben solche Ladestationen meist an strategischen Standorten wie Autobahnen oder Stadtzentren eingerichtet. Wichtig zu wissen: Je mehr Leistung der Ladepunkt bietet, desto schneller die Ladegeschwindigkeit des Elektrofahrzeugs. Vorausgesetzt, der Wagen bringt dafür die entsprechenden technischen Voraussetzungen mit und kann die angebotene Leistung aufnehmen.

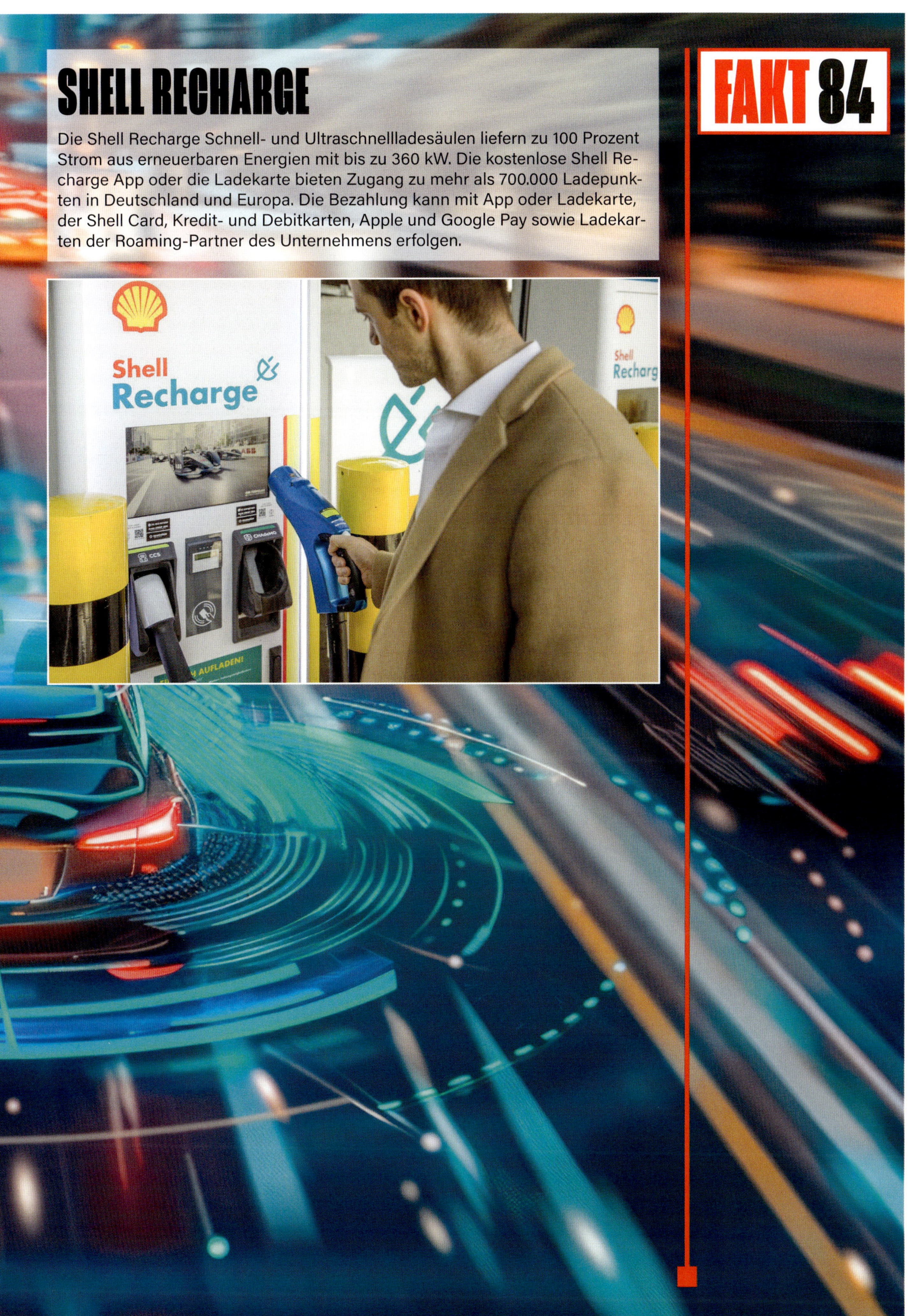

SHELL RECHARGE

FAKT 84

Die Shell Recharge Schnell- und Ultraschnellladesäulen liefern zu 100 Prozent Strom aus erneuerbaren Energien mit bis zu 360 kW. Die kostenlose Shell Recharge App oder die Ladekarte bieten Zugang zu mehr als 700.000 Ladepunkten in Deutschland und Europa. Die Bezahlung kann mit App oder Ladekarte, der Shell Card, Kredit- und Debitkarten, Apple und Google Pay sowie Ladekarten der Roaming-Partner des Unternehmens erfolgen.

FAKT 85

SKODA

Die tschechische VW-Tochter profitiert wie alle anderen Marken des Konzerns von der gemeinsamen Entwicklung – auch hinsichtlich der E-Mobilität. Bisher bietet Skoda den Enyaq und das Enyaq Coupé an. Anfang 2025 folgt mit dem Elroq die elektrisch angetriebene Alternative zum Karoq. Vier unterschiedliche Leistungsstufen sowie Heck- und Allradantrieb stehen zur Wahl. Ebenfalls im kommenden Jahr kommt das noch namenlose neue Einstiegsmodell auf der MEB Small-Plattform.

FAKT 86

SMART

Ein Smart ist schon seit einiger Zeit nicht mehr der Smart, mit dem die Marke einst startete. Statt des legendären Zweisitzers Fortwo (später auch der Viersitzer Forfour) rollt der Smart jetzt als kompaktes und elektrisch angetriebenes SUV an. Derzeit gibt es mit dem #1 und dem #3 zwei Varianten des in China gebauten Fahrzeugs, denn seit 2020 gehört die Marke Smart einem Joint Venture zwischen Mercedes-Benz und Geely.

FAKT 87

SONDERRECHTE

E-Autos werden in einigen Städten und Ländern Sonderrechte eingeräumt. Wer das E im Fahrzeugkennzeichen hat, kann beispielsweise in Hamburg, München oder Stuttgart in bestimmten Bereichen kostenlos parken, in Dortmund dürfen Busspuren genutzt werden (Stand bei Drucklegung). Parkplätze mit Ladestationen liegen zudem oft zentral in Innenstädten und sind für Elektroautos reserviert.

STEUERN

FAKT 88

Für Elektrofahrzeuge ist eine Steuerbefreiung auf bis zu zehn Jahre bei Erstzulassung zwischen dem 18. Mai 2011 und dem 31. Dezember 2025 festgeschrieben. Befristet ist die Befreiung jedoch lediglich bis zum 31. Dezember 2030. Die Steuerbefreiung wird beim Wechsel eines E-Autos an eine neue Halterin oder Halter weitergegeben – auch das maximal bis Ende 2030. Fahrer von Firmenwagen profitieren ebenfalls von steuerlichen Vorteilen. Statt einem Prozent vom Bruttolistenpreis werden für Elektroautos bis zu einem Kaufpreis von 60.000 Euro nur 0,25 Prozent angerechnet, die versteuert werden müssen. Neue Pläne der Bundesregierung sehen vor, die Obergrenze für eine solche vergünstigte Besteuerung elektrisch angetriebener Dienstwagen von 70.000 auf 95.000 Euro zu erhöhen.

SYNCHRONMASCHINE (PSM/ASM)

FAKT 89

Eine Synchronmaschine wandelt elektrische Energie in Bewegungsenergie um. Im Unterschied zu Asynchronmaschinen besitzt die Synchronmaschine, auch bekannt als Permanentmagnet-Synchronmaschine (PSM) oder Active Synchronous Machine (ASM), einen festen Rotor, der mit Permanentmagneten oder magnetischem Material versehen ist. Die Wicklungen im feststehenden Stator erzeugen ein rotierendes Magnetfeld, das sich mit dem Magnetfeld des Rotors synchronisiert. Synchronmaschinen finden vielseitige Anwendung, etwa in Elektrofahrzeugen, Industriemaschinen und Windkraftanlagen. Sie zeichnen sich durch hohe Effizienz, Leistungsfähigkeit und eine präzise Steuerung des Drehmoments aus.

FAKT 90

TESLA

Das amerikanische Unternehmen Tesla, Hersteller von Elektroautos, Batteriespeichern, Batterie-Speicherkraftwerken und Photovoltaikanlagen, hat ohne jeden Zweifel nicht nur die deutschen Autoproduzenten mit Blick auf die E-Mobilität durchgeschüttelt und damit Veränderungen bewirkt. Kaum jemand hat anfangs daran geglaubt, dass sich die Autos von Tesla in diesem Maß am Markt durchsetzen würden. Das Model Y war 2023 das weltweit am meisten verkaufte E-Auto. Daneben umfasst das Tesla-Angebot das Model S, das Model X und das Model 3. Der Cybertruck wird in Europa nicht angeboten. In der Gemeinde Grünheide in Berlin-Brandenburg hat Tesla eine Gigafactory errichtet. Pläne zur Herstellung kompletter Batterien in Deutschland hat das Unternehmen aber vermutlich aufgegeben, zumindest aber vorerst zurückgestellt.

TESLA SUPERCHARGER

Tesla hat mit dem Supercharger ein Netzwerk von Hochleistungsladestationen speziell für die schnelle Aufladung von Tesla-Fahrzeugen errichtet. Weltweit soll es 50,000 dieser Stationen geben. Die V3-Supercharger bieten eine Ladeleistung von bis zu 250 kW. Der neue V4 Tesla Supercharger, der seit März 2023 verbaut wird, kann theoretisch mit bis zu 315 kW laden. Derzeit ist er allerdings noch auf 250 kW begrenzt, da es bisher kein Tesla-Modell gibt, das mehr als 250 kW verarbeiten kann. Ende 2021 hatte Tesla den Zugang für Fremdmarken an die Supercharger gestartet. Damit sind so gut wie alle Tesla-Stationen in Europa offen für sämtliche E-Fahrzeuge. Dies funktioniert über die Tesla-App Version 4.18 oder höher. Diese App muss auf dem Smartphone geladen sein, um Tesla Supercharger nutzen zu können. Während Tesla-Fahrer anfangs kostenlos laden konnten, werden auch sie jetzt zur Kasse gebeten. Dabei schwanken die Preise wie an herkömmlichen Tankstellen je nach Uhrzeit.

FAKT 92

TIEFENENTLADUNG

Im Prinzip stellt sich das Problem Tiefenentladung bei aktuellen E-Fahrzeugen nicht mehr. Selbst längere Standzeiten führen in der Regel nicht dazu, dass die Antriebsbatterie komplett leer wird. Ein E-Auto kann also ein paar Wochen oder auch mehrere Monate nicht bewegt werden, ohne dass der Hochvoltakku unmittelbar Schaden nimmt. Der Ladezustand nimmt nur unwesentlich ab. Fachleute raten, bei einer geplanten vorübergehenden Stilllegung des E-Fahrzeugs über mehrere Monate vorher den Akku bis auf einen Ladestand von etwa 60 Prozent zu bringen. Doch auch die 12-Volt-Starterbatterie ist ein wichtiger Aspekt. Denn sollte sich die entleeren, gerade bei extrem niedrigen Temperaturen ein Punkt, kann der Wagen nicht gestartet werden. Dann ist – wie bei einem Verbrenner – Starthilfe notwendig.

VOLKSWAGEN

Die Elektro-Historie bei Volkswagen reicht weit zurück. Schon 1972 wurde der T2-Transporter von einem Gleichstrommotor angetrieben. Die Energie wurde damals in Bleiakkus gespeichert. 120 Einheiten wurden gebaut. Und kaum war der Golf auf dem Markt, gab es ihn 1976 auch schon mit E-Antrieb – wenn auch nur als Versuchsfahrzeug. In den folgenden Jahren gab es Golf 1, 2 und 3 als City-Stromer in Kleinstserien. Der Golf 6 e-Motion debütierte 2010 bereits mit Lithium-Ionen-Technik. Nach der Vorserie im Flottenversuch ging 2014 der e-Golf auf Basis der siebten Generation in Serie. Kurz zuvor, Ende 2013, war der e-up! der Marke auf den Markt gekommen. Die Produktion des e-up! Ist inzwischen eingestellt. Dafür nahmen die ID.-Modelle langsam Fahrt auf. Der erste ID.3 wurde 2020 ausgeliefert. Seither hat sich die elektrische ID.-Palette deutlich vergrößert. Auf den 3 folgten 4, 5 und 7. Alle gibt es als GTX mit Allradantrieb, ebenso wie den ID.7 Tourer und den ID. Buzz. Für das kommende Jahr ist als Einstiegsmodell ID.2all angekündigt. Speziell für China gibt es weitere Elektro-Modelle und außerdem mit ID. Unyx eine neue Submarke.

FAKT 94

VOLVO

Volvo hat die Transformation zum reinen Elektroautohersteller bereits auf vielen Ebenen eingeleitet. Volker Staab, Manager Service Operations & QM bei Volvo Car Germany, sieht im Hinblick auf die neuen Aufgaben ein großes Potenzial. „Viele Technikerinnen und Techniker sowie Servicemitarbeiter sind schon jetzt auf die Wartung und Reparatur von Volvo Elektrofahrzeugen spezialisiert", unterstreicht er die Chancen auf Weiterbildung und Wissen, das an Kunden weitergegeben werden kann. Torben Meyer, Geschäftsleitung Business & Retailer Development bei Volvo Car Germany, betont in diesem Zusammenhang, dass sich das Unternehmen auf die Ära der Elektromobilität bestens vorbereitet habe. Schon im kommenden Jahr will das Unternehmen 50 Prozent des Absatzes mit vollelektrischen Modellen erreichen – bis 2030 sind 100 Prozent geplant. Derzeit bietet der Hersteller den EX 30, den EX 40, den EC 40 und den EX 90 an. Meyer verweist zudem auf das Thema Nachhaltigkeit, das große Möglichkeiten für die Marke biete. Fahrerinnen und Fahrer von Elektromodellen würden sich mit dieser Thematik oftmals besonders auseinandersetzten. Eine Chance für die Autohäuser, die umweltfreundliche Aktivitäten und Vorgehensweisen beispielsweise durch die Nutzung erneuerbarer Energiequellen für ihre Ladestationen herausstellen könnten.

FAKT 95

WALLBOX

Eine Wallbox ist eine spezielle Ladestation für Elektrofahrzeuge, die an der Wand montiert wird. Sie ermöglicht das sichere und effiziente Aufladen des Fahrzeugakkus mit einer höheren Ladeleistung als herkömmliche Haushaltssteckdosen. Einphasig sind das maximal 4,6 kW und dreiphasig maximal 22 kW. Ladegeräte mit einer Ladeleistung bis elf kW sind beim Netzbetreiber anzumelden und für Ladeleistungen von mehr als elf kW ist eine Genehmigung erforderlich. Eigenheim-Besitzer können eine Box an ihrem privaten Stellplatz oder in der Garage installieren. Auch Mieter haben mittlerweile das Recht auf eine eigene Wallbox an dem gemieteten Stellplatz. Das gilt seit dem 1. Dezember 2020. Nur in äußerst seltenen Fällen, beispielsweise wenn das Gebäude unter Denkmalschutz steht, kann der Vermieter die Installation einer Wallbox verbieten. Gehört dem Vermieter das Haus nicht allein, muss nach wie vor ein Antrag bei der Eigentümergemeinschaft gestellt werden – dieser darf in der Regel aber nicht abgelehnt werden. Die Kosten für die Installation sowie die Betriebskosten einer Wallbox hat allerdings komplett der Mieter zu tragen. Auch einen kompletten Rückbau beispielsweise bei einem Auszug muss der Mieter selbst finanzieren.

FAKT 96

WALLBOXEN MIT LASTMANAGEMENT

Um in Tiefgaragen von Mehrfamilienhäusern oder auch bei kleineren Unternehmen Wallboxen zum gleichzeitigen Laden zu installieren, sind Geräte mit einem Lastmanagement notwendig. Um den Stromanschluss im Gebäude nicht zu überlasten, wird der verfügbare Strom auf mehrere Fahrzeuge verteilt. Bei diesen technischen Lösungen wird zwischen statischem und dynamischem Lastmanagement unterschieden. Bei der Entscheidung für ein statisches Lastmanagement gibt es eine festgelegte Gesamtleistung für alle vorgesehenen Ladepunkte. Die E-Autos, die angeschlossen sind, teilen sich dann diese Gesamtleistung. Anders sieht es aus, wenn ein dynamisches Lastmanagement installiert wird. Die Anlage misst den aktuellen Stromverbrauch des Hauses und errechnet dann, wie groß die Leistung ist, die für das Laden der Elektroautos genutzt werden kann. Diese Restleistung wird nun dynamisch, also immer an den jeweiligen Stromverbrauch im Gebäude angepasst, verteilt. Vor allem nachts, wenn im Haus weniger Stromverbraucher aktiv sind, steht mehr Strom für die E-Autos zur Verfügung.

FAKT 97

WASSERSTOFF (WASSERSTOFFTANK)

Wasserstoff ist ein chemisches Element und wird aktuell hauptsächlich aus Kohlenwasserstoffen hergestellt. Dabei wird Wasserstoff bei hohen Temperaturen vom Kohlenstoff abgespalten und CO2 in großen Mengen freigesetzt. Als Quelle für Kohlenstoff nutzt die Industrie fast ausschließlich Erdgas, Öl oder Kohle. Es entsteht so genannter grauer Wasserstoff, also alles andere als umweltfreundlicher Wasserstoff. Das cheminsche Element kann allerdings auch mit Hilfe von Elektrolyseuren hergestellt werden. Diese Geräte nutzen elektrischen Strom, um Wasser in Wasserstoff und Sauerstoff zu spalten. Wird zur Herstellung von Wasserstoff Strom aus erneuerbaren Energien genutzt, ist die Rede von grünem, also CO2 neutralem Wasserstoff.

FAKT 98

WINTERBETRIEB

Der Winter und E-Autos sind keine wirklichen Freunde. Kalte Temperaturen bedeuten höhere Verbräuche und damit Reichweitenverluste. Da sind zum einen Scheiben, Sitze und der Innenraum, die es zu beheizen gilt. Auf der anderen Seite leidet auch der Akku im Fahrzeugboden unter der Kälte. Die Wohlfühltemperaturen zwischen 20 und 40 Grad Celsius des Akkus sind im Winter nur schwer zu erreichen. Ist die Hochvoltbatterie über Nacht ausgekühlt, ist viel Energie notwendig, um den riesigen Akku wieder aufzuwärmen. Die Menge der Energie richtet sich dabei nach der Größe des Akkus und danach, wie tief die Außentemperatur gefallen ist. Je nach Akkugröße und Temperatur kann der Mehrverbrauch im Kurzstreckenbetrieb bei bis zu 100 Prozent liegen. Auf längeren Strecken relativiert sich das aber schnell. Gleichwohl ist zu bedenken, dass auch Benziner und Diesel im Winter einen höheren Verbrauch haben.

FAKT 99

XPENG

800-Volt-Technologie, hohe Ladeleistung bis zu 280 kW und damit flotte Ladezeiten – der Elektroautomobilhersteller Xpeng mit Hauptsitz in Guangzhou, China, ist nach Norwegen, Schweden, Dänemark und den Niederlanden jetzt auch in Deutschland angekommen. Kunden können zwischen der Sportlimousine P7 und dem SUV G9 wählen. Xpeng ist eine noch sehr junge Marke, wurde 2014 gegründet, gilt aber allgemein als ein extrem innovatives Unternehmen. Das hat auch Volkswagen erkannt und 2023 fünf Prozent des chinesischen Start-ups gekauft. Bis 2026 sollen zwei gemeinsam entwickelte Elektroautos auf den Markt kommen.

FAKT 100

ZELLFABRIK

Noch kommen Batteriezellen überwiegend aus Asien. China, Japan und auch Korea sind die Hauptproduzenten. Doch die heimische Autoindustrie will diese Abhängigkeit verringern und plant eigene Zellfabriken. Als Beispiel will Volkswagen in Europa zusammen mit Partnern bis 2030 sechs Zellfabriken mit einer Gesamtkapazität von 240 Gigawattstunden betreiben. Auch in Kanada ist eine Gigafactory geplant. Partner Northvolt hat im nordschwedischen Skellefteå den Anfang gemacht, Salzgitter soll ebenso folgen wie die Gigafabrik im spanischen Valencia. Von der Politik werden diese Projekte in der EU gefördert. Batteriezellen gelten als Herzstück eines Elektroautos – und zwar technisch wie wirtschaftlich.